中级注册安全工程师职业资格考试辅导系列丛书

安全生产技术基础

考试重点与精选题库

北京注安注册安全工程师安全科学研究院 组织编写

刮开涂层，使用微信扫码，即可获取本书配套数字资源。

注意：本书使用“一书一码”版权保护技术，该二维码仅可扫描并绑定一次。

北京交通大学出版社
·北京·

内容简介

本书根据中级注册安全工程师最新考试大纲的要求，结合最新版全国中级注册安全工程师执业资格考试安全生产技术教材，以及作者历年进行中级注册安全工程师执业资格考试考前培训的经验编写而成。本书提炼了中级注册安全工程师安全生产技术考试重点内容和知识点，以期指导各位考生复习备考。在此基础上，本书还结合历年考试真题，分章节组织编写应试训练试题。本书可作为中级注册安全工程师考试考生的应试参考书。

图书在版编目（CIP）数据

安全生产技术基础考试重点与精选题库 / 北京注安注册安全工程师安全科学研究院组织编写. —北京：北京交通大学出版社，2021.3

ISBN 978-7-5121-4385-2

Ⅰ. ① 安… Ⅱ. ① 北… Ⅲ. ① 安全生产－资格考试－自学参考资料 Ⅳ. ① X931

中国版本图书馆 CIP 数据核字（2020）第 257557 号

安全生产技术基础考试重点与精选题库
ANQUAN SHENGCHAN JISHU JICHU KAOSHI ZHONGDIAN YU JINGXUAN TIKU

策划编辑：高振宇　　责任编辑：张利军　陈可亮　严慧明
出版发行：北京交通大学出版社　　电话：010-51686414　　http://www.bjtup.com.cn
地　　址：北京市海淀区高梁桥斜街 44 号　　邮编：100044
印 刷 者：北京时代华都印刷有限公司
经　　销：全国新华书店
开　　本：185 mm×260 mm　　印张：12　　字数：300 千字
版 印 次：2021 年 3 月第 1 版　　2021 年 3 月第 1 次印刷
印　　数：1～3 000 册　　定价：36.00 元

本书如有质量问题，请向北京交通大学出版社质监组反映。对您的意见和批评，我们表示欢迎和感谢。
投诉电话：010-51686043，51686008；传真：010-62225406；E-mail：press@bjtu.edu.cn。

丛书编委会

本书主编

张景钢

前　言

北京注安注册安全工程师安全科学研究院是全国注册安全工程师行业第一家，也是唯一一家科学研究院，是培训注册安全工程师和落实注册安全工程师制度的专业性服务机构。

本研究院多年来致力于帮助考生学习和掌握考试重点，顺利通过中级注册安全工程师职业资格考试；提高企业主要负责人和安全生产管理人员的知识水平与业务能力；充分发挥中级注册安全工程师的作用，显著提升企业安全管理水平，以及提升专业技术人员素质和防灾、减灾、救灾能力，科学有效地预防和减少生产安全事故。

中级注册安全工程师职业资格考试辅导系列丛书，包括《安全生产法律法规考试重点与精选题库》《安全生产管理考试重点与精选题库》《安全生产技术基础考试重点与精选题库》《安全生产专业实务——道路运输安全考试重点与案例分析》《安全生产专业实务——道路运输安全精选题库与模拟试卷》，均由本研究院组织的国家级权威专家和相关专业人士精心编写而成。编写过程中紧扣考试大纲的要求，深入研究考试教材和相关政策法规，精心筛选考试重点。

本书作为丛书之一，专门为考生考前复习量身打造，具有较强的针对性、指导性、实用性。本书适合在教材学习阶段巩固学习成果，在冲刺复习阶段抓住学习重点，在考试之前进行自评自测。本书也可作为道路运输企业主要负责人和安全生产管理人员的学习参考用书。

书中标注“★”为要求了解，“★★”为要求熟悉，“★★★”为要求重点掌握。

由于编写时间仓促，水平有限，错误和遗漏在所难免，敬请批评指正，以便持续改进！

北京注安注册安全工程师安全科学研究院
2020 年 4 月

扫码关注微信公众号

目　录

第一部分　考试大纲与应试指导

第二部分　考试重点分类归纳

第三部分　精选题库

第一部分

考试大纲与应试指导

考试大纲

一、试卷结构

安全生产技术基础是公共科目之一，考试题型为客观题，分为单项选择题和多项选择题两部分。单项选择题要求从备选项中选择一个最符合题意的选项。多项选择题要求从备选项中选择两个或两个以上符合题意的选项，错选不得分；漏选，则所选的每个选项得 0.5 分。最近几年的试卷中，有 70 个单项选择题，每题 1 分；15 个多项选择题，每题 2 分。

试卷总分为 100 分，考试时间为 2.5 小时。

二、考试目的

考查专业技术人员运用安全技术和标准，辨识、分析、评价作业场所和作业过程中存在的危险、有害因素，采取相应防范技术措施消除、降低事故风险的能力。

三、考试内容及要求

1. 机械安全技术

运用机械安全相关技术和标准，辨识、分析、评价作业场所和作业过程中存在的机械安全风险，解决切削、冲压剪切、木工、铸造、锻造和其他机械安全技术问题；运用安全人机工程学理论和知识，解决人机结合的安全技术问题。

2. 电气安全技术

运用电气安全相关技术和标准，辨识、分析、评价作业场所和作业过程中存在的电气安全风险，解决防触电、防静电、防雷击、电气防火防爆和其他电气安全技术问题。

3. 特种设备安全技术

运用特种设备安全相关技术和标准，辨识、分析、评价特种设备作业过程中存在的安全风险，解决锅炉、压力容器（含气瓶）、压力管道、电梯、起重机械、场（厂）内专用机动车辆、客运索道、大型游乐设施等特种设备安全技术问题。

4. 防火防爆安全技术

掌握火灾、爆炸机理，运用防火防爆安全相关技术和标准，辨识、分析和评价火灾、爆炸安全风险，制订相应的安全技术措施。

5. 其他通用安全技术（危险化学品安全基础知识）

运用其他相关通用安全技术和标准，辨识和分析生产经营过程中的危险、有害因素，制订相应的安全技术措施。

应试指导

一、安全生产技术考试所涉及的知识体系

安全生产技术考试所涉及的知识体系包括 5 个部分，分别为机械安全技术、电气安全技术、特种设备安全技术、防火防爆安全技术、危险化学品安全基础知识，如图 0.1 所示。

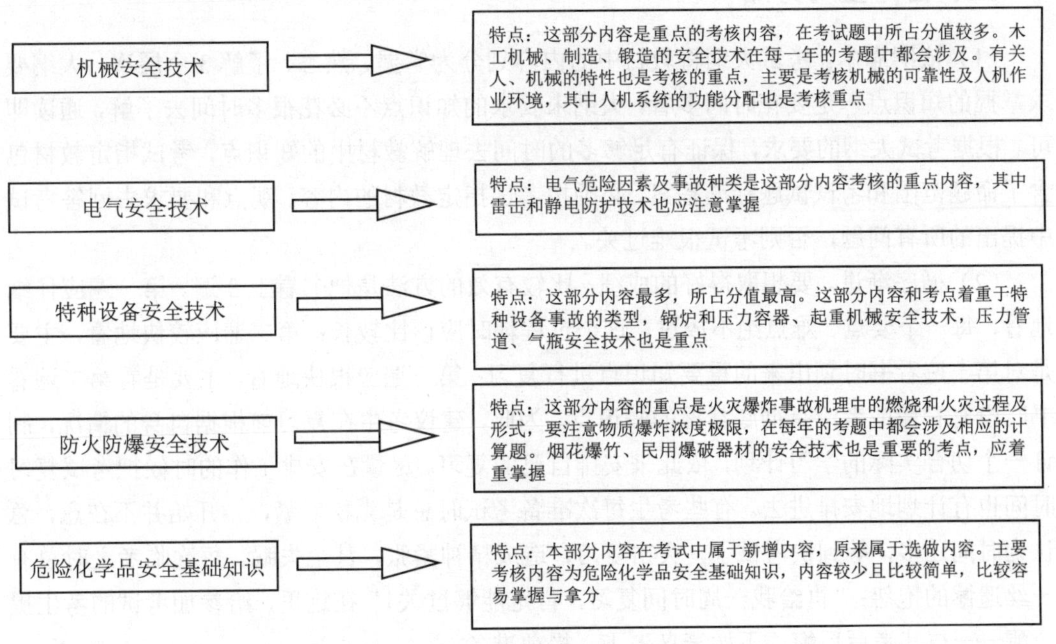

图 0.1　安全生产技术考试所涉及的知识体系

二、2017—2019 年安全生产技术考题分值统计

2017—2019 年安全生产技术考题分值统计如表 0.1 所示。危险化学品安全基础知识为 2019 年考试新增内容，2016 年和 2018 年考试中没有涉及。2017 年的考试内容中有原来的职业危害与交通安全部分，统计时已经去掉。

表 0.1 安全生产技术考题分值统计

单位：分

知识点	2017年			2018年			2019年		
	单项选择题	多项选择题	合计	单项选择题	多项选择题	合计	单项选择题	多项选择题	合计
机械安全技术	15	8	23	17	8	25	16	6	22
电气安全技术	10	8	18	16	10	26	12	6	18
特种设备安全技术	13	3	16	20	6	26	21	6	27
防火防爆安全技术	13	6	19	21	2	23	14	8	22
危险化学品安全基础知识							7	4	11
总　计			76			100			100

三、备考复习方略

（1）依纲靠本。考试大纲将教材中的内容划分为掌握、熟悉、了解3个层次。大纲要求掌握的知识点一定要花时间多看，大纲未要求的知识点不必花很多时间去了解，通读即可。根据考试大纲的要求，保证有足够多的时间去理解教材中的知识点，考试指定教材包含了命题范围和考试试题标准答案，必须按考试指定教材的内容、观点和要求去回答考试中提出的所有问题，否则考试很难过关。

（2）循序渐进。要想取得好的成绩，比较有效的方法是把书看上3遍。第一遍应仔细地看，每一个要点、难点绝不放过，这个过程耗时应该比较长；第二遍应较快地看，主要是对第一遍看书时划出来的重要知识点进行复习；第三遍应很快地看，主要是看第二遍看书时没有看懂或者没有彻底掌握的知识点。为此，建议考生在复习前根据自身的情况，制订一个切合实际的学习计划，依此来安排自己的复习。尽量在安排工作的时候把考试复习时间也有计划地安排进去。有些考生每次准备考试时总是先松后紧，一开始并不在意，总认为时间还多，等到快考试了，突击复习，造成精神紧张，甚至失眠。每次临考之时总有一丝遗憾的抱怨："再给我一周时间复习，肯定能够过关！"在这里，给参加考试的考生提个醒——与其考后后悔，不如笨鸟先飞，提前准备。

（3）把握重点。考生在复习时常常可能会过于关注教材上的每个段落、每个细节，没有注意到有些知识点可能跨好几个页码。考生对这类知识点之间的内在联系缺乏理解和把握，就会导致在做多项选择题时往往难以将所有正确答案全部选出来，或者由于分辨不清选项之间的关系而将某些选项忽略掉，甚至将两个相互矛盾的选项同时选上。为避免出现此类错误，建议考生在复习时，务必留意这些层级间的关系。每门课程都有其必须掌握的知识点，对于这些知识点，一定要深刻把握，举一反三，以不变应万变。在复习中若想提高效率，就必须把握重点，避免平均分配。把握重点能使我们以较小的投入获取较大的考试收益，在考试中立于不败之地。

（4）善于总结。考生在仔细看完一遍教材的前提下，应一边看书，一边做总结性的笔

记，把教材中每一章的要点都列出来，从而让厚书变薄，并理解其精华所在；要突出全面理解和融会贯通，并不是要求把指定教材的全部内容逐字逐句地死记硬背下来，而要注意准确把握文字背后的复杂含义，还要注意把不同章节的内容联系起来，能够从整体上对考试科目进行全面掌握。众所周知，考试涉及的各个科目均具有严谨性、务实性的特点，尽管很多问题从理论上讲可能会有不同的观点和看法，需要运用专业知识判断，但在考试时，考试试题的答案都具有“唯一性”，客观试题尤其如此。

（5）精选资料。复习资料不宜过多，选一两本就行了，多了容易眼花，反而不利于复习。从某种意义上讲，考试就是做题。所以，在备考学习过程中，适当地做一些练习题和模拟题是考试成功必不可少的一个环节。多做练习固然有益，但千万不要舍本逐末，以题代学。练习只是针对所学知识的检验和巩固，千万不能搞题海大战。

在这里提醒考生在复习过程中应注意以下 3 点。

（1）加深对基本概念的理解。对基本概念的理解和应用是考试的重点，考生在复习时要对基本概念加强理解和掌握，对理论性的概念要掌握其要点。

（2）把握一些细节性信息、共性信息。每年的考题中都有一些细节性的考题，考生在复习过程中看到这类信息时，一定要提醒自己给予足够的重视。

（3）突出应用。考试侧重于对基本应用能力的考查，近年来这个倾向性有所增强。

四、答题技巧

既然已经走进了考场，那就是“箭在弦上，不得不发”了。所以，此时紧张是没有意义的，紧张只能给自己带来负面的影响。既然如此，此时倒不如洒脱一下，放下心理负担，轻装上阵。精心准备的考前复习，都是为了取得良好的考试成绩这一最终目的。临场发挥是取得良好成绩的重要环节，结合多年来的培训经验，我们给考生提出以下几点建议。

（1）做到稳步推进。单项选择题按每题 1 分钟的速度稳步推进，多项选择题按每题 1.5 分钟的速度推进。这样下来，还可以有一定的时间做检查。单项选择题的难度较小，考生在答题时要稍快一点，但要注意准确率；多项选择题的解答可以稍慢一点，但要求稳，以免被“地雷”炸伤。从提高答题准确率的角度考虑，强烈希望考生一定要耐着性子把题目中的每一个字读完。常常有考生总感觉时间不够，一眼就看中一个选项，结果就选错了。这类性子急的考生大可不必“心急”，因为考试的时间是很合理的。也就是说，按照正常的答题速度，规定的考试时间对考生来说应该有一定的富余。

（2）预留检查时间。考试时间是绝对有富余的，在这种情况下如何提高答题的准确率就显得尤为重要了。提高答题准确率的一个重要方法就是预留检查时间，建议考生至少要预留 15～20 分钟的时间来做最后的检查。从提高检查效率来看，建议考生主要对难题和没有把握的题进行检查。在考场上，考生拿到的是一份试卷和一份答题卡，试卷可以涂写，答题卡不可以随便涂写，只能用铅笔去涂黑。对一些拿不准的题目，建议考生在试卷上相应题号位置做一个标记，检查时就顺着标记去找。

（3）做到心平气和，把握好节奏。这点对考场心理素质不高的考生来讲十分重要。不少考生心理素质不高，考场有犯晕的现象，导致原本知道的题目却答错了，甚至出现心里想的是答案 A 却涂成了答案 C 的现象。怎么避免此类“自毁长城”的事情发生呢？我们这里给大家两点建议：一是不要被前几道题吓住，有时候你看到前面几道题有点拿不准，心里就发毛了，这时候你千万要告诫自己，这只是出题者惯用的手法，只是给考生一个下马威罢了，没有关系；二是一定要稳住阵脚。

具体到答题技巧，给大家推荐以下 4 种方法。

（1）直接法。这是解常规的客观题所采用的方法，就是选择你认为一定正确的选项。

（2）排除法。如果正确答案不能一眼看出，应首先排除明显是不全面、不完整或不正确的选项，正确的选项几乎是直接抄自于考试指定教材或法律法规，其余的干扰选项要靠命题者自己去设计，考生要尽可能多地排除一些干扰选项，这样就可以提高选出正确答案的概率。

（3）比较法。直接把各个备选项加以比较，并分析它们之间的不同点，集中考虑正确答案和错误答案的关键所在。仔细考虑各个备选项之间的关系，不要盲目选择那些看起来像、读起来很有吸引力的错误答案，中了命题者的圈套。

（4）猜测法。如果你通过以上方法都无法选出正确的答案，也不要放弃，要充分利用所学知识去猜测。一般来说，排除的选项越多，猜出正确答案的可能性就越大。

第二部分

考试重点分类归纳

第一章　机械安全技术

第一节　机械安全基础知识★★★

一、机械安全定义

机械安全是指在机械生命周期所有阶段，按规定的预定使用条件执行其功能的安全。

二、机械产品的主要类别

机械产品主要分为动力机械、金属切削机械、金属成型机床、交通运输机械、起重运输机械、工程机械、农业机械、通用机械、轻工机械、专用机械这十大类。

（1）动力机械：动力来源的机械，如电动机、内燃机、蒸汽机及联合动力装置。

（2）金属切削机械：对机械零件的毛坯进行金属切削加工用的机械，分为车床、钻床、镗床、磨床、齿轮加工机床、螺纹加工机床、铣床、刨（插）床、拉床、电加工机床、锯床和其他机床等。

（3）金属成型机床：除金属切削加工以外的加工机械，如锻压机械、铸造机械等。

（4）交通运输机械：如汽车、火车、船舶和飞机等交通工具。

（5）起重运输机械：运移货物或人的提升和搬运机械，如各种起重机、运输机、升降机、卷扬机等。

（6）工程机械：凡土石方施工工程、路面建设与养护、流动式起重装卸作业和各种建筑工程所需的综合性机械化施工工程所必需的机械装备，包括挖掘机、铲运机、工程起重机、压实机、打桩机、钢筋切割机、混凝土搅拌机、路面机、凿岩机、线路工程机械及其他专用工程机械等。

（7）农业机械：农、林、牧、副、渔业等机械，如拖拉机、林业机械、牧业机械、渔业机械等。

（8）通用机械：如泵、风机、压缩机、阀门、真空设备、分离机械、减（变）速机、干燥设备、气体净化设备等。

（9）轻工机械：轻工、纺织等部门使用的机械，如纺织机械、食品加工机械、印刷机械、制药机械、造纸机械等。

（10）专用机械：特有的机械，如冶金机械、采煤机械、化工机械、石油机械等。

三、机械使用过程中的危险有害因素

（一）机械性危险

机械性危险包括与机器、机器零部件（包括加工材料夹紧机构）或其表面、工具、工件、载荷、飞射的固体或流体物料有关的可能会导致挤压、剪切、碰撞、切割或切断、缠绕、碾压、吸入或卷入、冲击、刺伤或刺穿、摩擦或磨损、抛出、绊倒和跌落、高压流体喷射等危险。

产生机械性危险的条件因素主要有：形状或表面特性、相对位置、动能、势能、质量和稳定性、机械强度不够导致的断裂或破裂、料堆（垛）。

（二）非机械性危险

非机械性危险主要包括电气（如电击、电伤）危险、温度（如灼烫、冷冻）危险、噪声危险、振动危险、辐射（如电离辐射、非电离辐射）危险、材料和物质产生的危险、因未履行安全人机工程学原则而产生的危险等。

四、机械设备的危险部位及防护对策

（一）转动的危险部位及其防护对策

1. 转动轴（无凸起部分）

当轴旋转时，可能会将松散的衣物等挂住，并将其缠绕在轴上。通过在光轴的暴露部分安装一个松散的、与轴具有 12 mm 净距的护套来对其进行防护，护套和轴相互滑动。护套沿轴向被分成两部分，将其覆盖在轴上，并用圆形卡子或者强力胶带将两部分联结起来。

2. 转动轴（有凸起部分）

旋转轴上的凸起物不仅能挂住衣物，造成缠绕，而且当人体和凸起物相接触时，还能够对人体造成伤害。具有凸起物的旋转轴应利用固定式防护罩进行全面封闭。

3. 对旋式轧辊

对于对旋式轧辊，应采用钳型防护罩进行防护。

4. 牵引辊

当操作人员向牵引辊送入材料时，需要靠近这些转辊，其风险较大。可以安装一个钳型条，通过减少间隙来提供防护，钳型条上的开口有利于材料的输送。

5. 辊式输送机（辊轴交替驱动）

对于辊式输送机，应该在驱动轴的下游安装防护罩。如果所有的辐轴都被驱动，将不存在卷入的危险，故无须安装防护装置。

6. 轴流风扇（机）

开放式叶片是危险的，需要使用防护网来进行防护。防护网的网孔应足够大，使得空气能够有效通过；同时网孔还要足够小，能够有效防止手指接近叶片。

7. 径流通风机

通向风扇的进风口应该被一定长度的导管所保护，并且其入口应覆盖防护网。导管的长度和网孔的尺寸必须能够防止手指和手臂接近转动的叶片。

8. 啮合齿轮

齿轮传动机构必须装置全封闭型的防护装置。机器外部绝不允许有裸露的啮合齿轮。防护装置材料可用钢板或铸造箱体，机器运行过程中不发生振动。防护罩壳体不应有尖角和锐利部分，外壳与传动机构的外形相符，同时应便于开启、维护保养，能方便地打开和关闭。防护罩内壁应涂成红色，最好装电气联锁，在防护装置开启的情况下使机器停止运转。

9. 旋转的有辐轮

当有辐轮附属于一个转动轴时，用手动有辐轮来驱动机械部件是危险的。可以利用一个金属盘片填充有辐轮来提供防护，也可以在手轮上安装一个弹簧离合器。

10. 砂轮机

除了其磨削区域附近，均应加以密闭来提供防护。在其防护罩上应标出砂轮旋转的方向和最高线速度等技术参数。

11. 旋转的刀具

旋转的刀具应该被包含在机器内部（如筒裁切机）。在使用手工送料时，应尽可能减少刀刃的暴露，并使用背板进行防护。当加工的材料是可燃物时，产生碎屑的场所应该有适当的防火措施。当需要拆卸刀片时，应使用特殊的卡具和手套来提供防护。

（二）直线运动的危险部位及防护对策

1. 切割刀刃

切割刀刃具有较高的危险性，暴露部分尽可能少。当需要对刀具进行维护时，需要提供特殊的卡具。

2. 砂带机

砂带机的砂带应该向远离操作人员的方向运动，并且具有止逆装置，仅将工作区域暴露出来，靠近操作人员的端部应进行防护。

3. 机械工作台和滑枕

具有运动平板或者滑枕的机械设备应该被合理布置，当其运动平板（或者滑枕）达到极限位置时，平板（或者滑枕）的端面距离和固定结构的间距应不小于 500 mm，以免造成挤压。

4. 配重块

当使用配重块时，应对其全部行程加以封闭，直到地面或者机械的固定配件处，避免形成挤压陷阱。

5. 带锯机

可调节的防护装置应该装置在带锯机上，仅用于材料切制的部分可以露出，其他部分

应得以封闭。

6. 冲压机和铆接机

这些机械设备可能需要操作人员手持工件靠近冲击头，因此需要为这些机械提供能够感知手指存在的特殊失误防护装置。

7. 剪刀式升降机

在操作过程中，主要的危险在于邻近的工作平台和底座边缘形成的剪切和挤压陷阱，可利用帘布加以封闭。在维护过程中，主要的危险在于剪刀机构的意外闭合，可以通过使用障碍物（木块等）来防止剪刀机构的闭合。

（三）转动和直线运动的危险部位及防护对策

1. 齿条和齿轮

利用固定式防护罩将齿条和齿轮全部封闭起来。

2. 皮带传动

皮带传动的危险出现在皮带接头及皮带进入皮带轮的部位。焊接金属网应能保证手指不会触及皮带。皮带传动装置防护罩采用金属骨架的防护网与皮带的距离不应小于 50 mm；传动机构距离地面小于 2 m 时，应设防护罩。但在下列 3 种情况下，即使在离地面 2 m 以上位置也应加以防护：皮带轮中心距之间的距离在 3 m 以上；皮带宽度在 15 cm 以上；皮带回转的速度在 9 m/min 以上。防止皮带断裂伤人，皮带接头必须牢固可靠，安装皮带应松紧适宜。皮带传动机构的防护可采用将皮带全部遮盖起来的方法，或采用防护栏杆防护。

3. 输送链和链轮

其危险来自输送链进入链轮处及链齿。采取的防护措施应能防止接近链轮的锯齿和输送链进入链轮的部位。

五、实现机械设备安全的途径及对策措施

机械设备安全应考虑其寿命的各个阶段，包括机械生产的安全和机械使用的安全两个阶段。

机械生产的安全通过设计、制造等环节实现；机械使用的安全主要体现在执行预定功能的正常使用，包括安装、调整、查找故障和维修、拆卸及报废处理等环节。机械设备安全应考虑机器的正常作业状态、非正常状态和一切可能的其他状态。

决定机械设备安全性的关键是在设计阶段采用安全措施，但还要通过在使用阶段采用安全措施来最大限度地减小风险。为实现机械设备安全，有两个基本途径：选用适当的设计结构，尽可能避免危险或减小风险；减少操作人员涉入危险区的需要，限制人们面临危险，避免给操作人员带来不必要的体力消耗、精神紧张和疲劳。具体可采用下述的“三步法”。

第一步：本质安全设计措施，也称直接安全技术措施，即通过适当选择机器的设计特性和暴露人员与机器的交互作用，消除或减小相关的风险。

第二步：安全防护或补充保护措施，也称间接安全技术措施，即用于实现减小风险的安全防护或补充保护措施。

第三步：使用信息，也称提示性安全技术措施，即使用信息明确警告剩余风险，说明安全使用设备的方法和相关的培训要求等。

（一）采用本质安全技术

本质安全技术指通过机械的设计者在设计阶段采取措施来消除隐患的一种机械安全方法，具体包括以下内容。

1. 采用合理的结构形式

避免由于设计缺陷而导致发生任何可预见的与机械设备的结构设计不合理有关的危险事件。机械的结构、零部件或软件的设计应该与机械执行的预定功能相匹配。设计时应注意以下 3 点。

（1）机器零部件形状设计。

（2）运动机械部件相对位置设计：满足安全距离的原则，防止在可涉及的危险部位造成人员挤压或剪切伤害。

（3）足够的稳定性。

2. 限制机械应力以保证足够的抗破坏能力

组成机械的所有零构件，通过优化结构设计来达到防止由于应力过大而破坏或失效、过度变形或失稳倾覆、垮塌引起故障或引发事故。设计时应注意以下 5 点。

（1）专业性符合要求。

（2）足够的抗破坏能力。

（3）连接紧固可靠。

（4）防止超载应力，采用易熔塞、限压阀、断路器等限制超载应力，保障主要受力件避免破坏。

（5）良好的平衡和稳定性。

3. 使用本质安全的工艺过程和动力源

本质安全的工艺过程和动力源是指这种工艺过程和动力源自身是安全的。

（1）爆炸环境中的动力源。应采用全气动或全液压控制操纵机构，或采用“本质安全”电气装置，避免一般电气装置容易出现火花而导致爆炸的危险。

（2）采用安全的电源。防止电击、短路、过载和静电的危险。

（3）防止与能量形式有关的潜在危险。

（4）改革工艺，控制有害因素。消除或减少噪声、振动源（用焊接代替铆接、用液压成形代替锤击成形），控制有害物质的排放（用颗粒代替粉末、铣工艺代替磨工艺，以降低粉尘）等。

4. 保证控制系统的安全设计

（1）控制系统的设计。

（2）软、硬件的安全。

（3）提供多种操作模式及模式转换功能。

（4）手动控制器的设计和配置应符合安全人机学原则。

（5）考虑复杂机器的特定要求。例如，动力中断后的自保护系统或重新启动的原则，“定向失效模式”“关键”件的加倍（或冗余）设置，保护、防止危险的误动作措施，以及采用自动监控、报警系统等措施。

5. 保证材料和物质的安全性

生产过程各个环节所涉及的各类材料应满足以下要求。

（1）材料的力学性能、承载能力。

（2）对环境的适应性。

（3）避免材料的毒性，优先采用无毒和低毒的材料或物质，对不可避免的毒害物应在设计时考虑采取密闭、排放（或吸收）、隔离、净化等措施。

（4）防止火灾和爆炸风险。

6. 保证机械的可靠性设计

设计时应注意两点：一是设备的可靠性，二是设备的维修性。可靠性指标包括机器的无故障性、耐久性、维修性、可用性和经济性等几个方面，人们常用可靠度、故障率、平均寿命（或平均无故障工作时间）、维修度等指标表示。

（1）使用可靠性已知的安全相关组件。

（2）关键组件或子系统加倍（或冗余）和多样化设计，避免共因失效或共模失效。

（3）操作的机械化或自动化设计。

（4）机械设备的维修性设计。

7. 遵循安全人机工程学的原则

在机械基础设计阶段，对操作人员和机器进行功能分配时，应遵循安全人机工程学原则，考虑“人机”相互作用的所有要素，以减轻操作人员心理、生理压力和紧张程度。设计时应注意以下 5 个方面。

（1）操作台和作业位置。

（2）操作人员的姿势和动作。

（3）环境照明。

（4）手动控制操纵装置。

（5）指示器、刻度盘和视觉显示装置的设计与配置。

（二）采用安全防护措施

1. 防护装置

通常采用壳、罩、屏、门、盖、栅栏等结构和封闭式装置。这些用于提供保护的物理屏障将人与危险隔离，为机器的组成部分。设计防护装置时应注意以下几个方面。

1）防护装置的功能

除具有隔离、阻挡、容纳作用外，还应对电、高温、火、爆炸物、振动、辐射、粉尘、烟雾、噪声等具有特别的阻挡、隔绝、密封、吸收或屏蔽作用。

2）采用防护装置可能产生的附加危险

（1）防护装置出现故障、失效而丧失其保护功能，能使操作人员暴露于危险之中而增加受伤的风险。

（2）防护装置在减轻操作人员精神压力的同时，也使操作人员形成心理依赖，放松对危险的警惕，或由于影响操作等原因使操作人员废弃这些装置。

（3）由动力驱动的防护装置的运动零部件或易于下落的重型防护装置可能产生机械伤害的危险。

（4）防护装置的自身结构（如尖角、锐边、突出部分等）存在安全隐患。

（5）由于防护装置与机器运动部分安全距离不符合要求而导致的危险。

3）防护装置的一般要求

（1）满足防护装置的功能要求。在可预见的使用寿命期内，能良好地执行其功能，便于检查和修理，能够更换失效材料和性能下降的零部件。除此之外，其还应能防止机械使用过程中产生的非机械性危险。

（2）构成元件及安装具有抗破坏性。

（3）不应成为新的危险源。

（4）不应出现漏保护区。不易拆卸（或非专用工具不能拆除），不易被旁路或避开。

（5）满足安全距离的要求。

（6）不影响机器的预定使用功能。

（7）遵循安全人机工程学原则。结构尺寸、安全距离应满足人体测量参数的要求，易于装卸；考虑设备运送的辅助装置；便于操作。

（8）满足某些特殊工艺要求。

4）防护装置的类型

（1）固定防护装置。不用工具不能将其打开或拆除。

（2）活动防护装置。通过机械方法（如铁链、滑道等）与机器的构架或邻近的固定元件相连接，并且不用工具就可以打开。

（3）联锁防护装置。防护装置的开闭状态直接与防护的危险状态相联锁，只要防护装置不关闭，被其“抑制”的危险机器功能就不能执行；只有当防护装置关闭时，被其“抑制”的危险机器功能才有可能执行。在危险机器功能执行过程中，只要防护装置被打开，就停机。

机械传动机构常见的防护装置有用金属铸造或金属板焊接的防护箱罩，一般用于齿轮传动或传输距离不大的传动装置的防护；金属骨架和金属网制成的防护网常用于皮带传动装置的防护；栅栏式防护适用于防护范围比较大的场合，或作为移动机械移动范围内临时

作业的现场防护，或高处临边作业的防护等。

5）防护装置的安全技术要求

（1）防护装置应设置在进入危险区的唯一通道，防护结构体不应出现漏保护区，并满足安全距离的要求，使人不可能越过或绕过防护装置接触危险。

（2）固定防护装置应采用永久固定（如焊接等）或借助紧固件（如螺钉、螺栓等）的方式固定，若不用工具（或专用工具）不可能拆除或打开。

（3）当活动防护装置或防护装置的活动体打开时，尽可能与被防护的机械借助铰链或导链保持连接，防止挪开的防护装置或活动体丢失或难以复原。

（4）当联锁防护装置出现丧失安全功能的故障时，应使被其“抑制”的危险机器功能不可能执行或停止执行，装置失效不得导致意外启动。

（5）可调式防护装置的可调或活动部分调整件，在特定操作期间保持固定、自锁状态，不得因为机器振动而移位或脱落。

（6）在要求通过防护装置观察机器运行的场合，宜提供大小合适的开口作为观察孔或观察窗。防护装置的开口应满足一定的要求。

2. 保护装置

保护装置包括防护装置以外的所有安全防护装置，其通过自身的结构功能限制或防止机器的某种危险，以消除或减小风险。

1）保护装置的种类

（1）联锁装置。

（2）能（使）动装置。附加手动操纵装置，与启动控制一起使用，并且只有当连续操作时，才能使机器执行预定功能。

（3）保持–运行控制装置。手动控制装置，只有当手作用于操纵器时，机器才能启动并保持机器功能。

（4）双手操纵装置。

（5）敏感保护设备。

（6）有源光电保护装置。

（7）机械抑制装置。

2）保护装置的技术特征

（1）保护装置零部件的可靠性应作为其安全功能的基础。

（2）在危险事件发生时，保护装置应能够停止危险过程。

（3）重新启动功能。

（4）光电和感应式保护装置应具有自检功能。

（5）形成一个整体。

（6）应采用“定向失效模式”的部件或系统，考虑冗余，采用自动监控。

3. 必须安设安全防护装置的机械部位及安全防护装置的选择原则

1）*必须安设安全防护装置的机械部位*

（1）旋转机械的传动外露部分。

（2）冲压设备的施压部分。

（3）起重设备。

（4）加工过热或过冷部件，配置防接触屏蔽装置。

（5）存在易燃易爆生产设施，配置安全阀水位计等。

（6）自动生产线和复杂设备重要安全系统，设置自动监控装置、开车预警信号装置、联锁安全装置等。

（7）产尘、有毒、辐射设备，安设自动加料、卸料、净化排放、监测、报警、联锁、屏蔽装置等。

（8）进行检修的机械、电气设备，都要挂上警告或危险牌示。

2）*安全防护装置的选择原则*

（1）正常不需进入，优先固定装置。

（2）需要进入，次数多，采用联锁、自动停机、可调、自动关闭、双手、可控。

（3）非运行状态，采用手动控制，停止–动操纵装置，或双手操控、点动–有限运动操纵装置。

4. 补充安全保护措施

补充安全保护措施是指在设计机器时，除了一般通过设计减小风险，采用安全防护措施和提供各种使用信息外，还应另外采取的有关安全措施。

（1）实现急停功能的组件和元件。

急停器件为红色掌揿或磨菇式开关、拉杆操作开关等，附近衬托色为黄色。急停装置被启动后应保持接合状态，在手动重调之前应不可能恢复电路。

（2）被困人员逃生和救援的措施。

（3）隔离和能量耗散的措施。

（4）提供方便且安全的搬运机器及其重型零部件的措施。

（5）安全进入机器的措施。

（三）安全信息的使用

安全信息由文本、文字、标记、信号、符号或图表等组成，警示剩余风险和可能需要应对的机械危险事件。安全信息也对不按规定要求操作或误用而产生的潜在风险进行警告。安全信息的提供应覆盖机械使用的全过程，包括运输、装配和安装、试运转、使用及必要的拆卸、停用和报废。安全信息的类别有：标志、符号（象形图）、安全色、文字警告等；信号和警告装置；随机文件。

1. 安全信息的使用原则

（1）根据风险的大小和危险的性质，依次采用安全色、安全标志、警告、信号、警报

器。图形符号和安全标志应优先于文字信息。

（2）根据需要信息的时间。

（3）根据机器结构和操作的复杂程度。

（4）根据信息内容和对人视觉的作用采用不同的安全色。安全色不能取代其他安全措施。

（5）满足安全人机学的原则。

2. 安全色和安全标志

1）安全色

安全色是指用以表达禁止、警告、指令、提示等安全信息含义的颜色，具体规定为红、黄、蓝、绿4种颜色。安全色也采用组合或对比色的方式。常用的安全色及其相关的对比色是红色–白色、黄色、黑色、蓝色–白色、绿色–白色。

2）安全标志

安全标志由图形符号、安全色和（或）安全对比色、几何形状（边相）或简短的文字组合构成，用于传递与安全及健康有关的特定信息或使某个对象或地点变得醒目。

安全标志分为禁止标志、警告标志、指令标志、提示标志4类（注意文字和衬底颜色）。

（1）禁止标志是禁止人们不安全行为的图形标志。其基本形式是带斜杠圆形边框，颜色为白底、红圈、红斜杠、黑色图案。

（2）警告标志是提醒人们对周围环境引起注意，以避免可能发生的危险的图形标志。其基本形式是正三角形边框，颜色为黄底、黑边、黑图案。

（3）指令标志是强制人们必须做出某种动作或采用防范措施的图形标志。其基本形式是圆形边框，颜色为蓝色白底图案。

（4）提示标志是向人们提供某种信息的图形标志。其基本形式是正方形边框，颜色为绿底白图案。

3）安全标志应满足的要求

（1）标志牌设置在醒目位置。

（2）多个安全标志在一起设置时，应按警告标志、禁止标志、指令标志、提示标志的顺序，先左后右、先上后下排列。

（3）机械设备易发生危险的相应部位，必须有安全标志。

（4）标志的检查与维修。至少每半年检查一次。

3. 信号和警告装置

信号和警告装置的功能是提醒注意、显示运行状态、警告可能发生故障或出现险情先兆，要求人们做出排除或控制险情反应的信号。

1）信号和警告装置的类别

信号包括听觉信号、视觉信号及视听组合信号。

（1）听觉信号包括紧急听觉信号、紧急撤离听觉信号、警告听觉信号。

（2）视觉信号包括警告视觉信号、紧急视觉信号。

2）安全要求

（1）含义明确性。

（2）可察觉性。听觉信号应明显超过有效掩蔽阈值，在接收区内不应低于 65 dB。紧急视觉信号用闪烁信号灯。警告视觉信号的亮度应至少是背景亮度的 5 倍，紧急视觉信号的亮度应至少是背景亮度的 10 倍，即后者的亮度应至少 2 倍于前者。

（3）可分辨性。警告视觉信号应为黄色或橙黄色，紧急视觉信号应为红色。

（4）有效性。

（5）设置位置应具合理性。

（6）优先级要求。紧急信号优先于所有警告信号。紧急撤离信号优先于其他所有险情信号。

六、机械制造场所安全技术

（一）总平面布置

（1）总平面布置应结合当地气象条件，使车间厂房具有良好的朝向、采光和自然通风条件。

（2）在符合生产流程、操作要求和使用功能的前提下，应采用联合、集中、多层布置。按生产流程做到工序衔接紧密，物料传送路线短，操作检修方便。

（3）多层厂房应将运输量、荷载、噪声较大及有振动、有腐蚀熔液和用水量较多的工部布置在厂房的底层，以便于运输、减轻楼板荷重、排除地面污水；将生产过程中排出有粉尘、毒气、腐蚀性气体，以及火灾危险性较大的工部布置在顶层，以便合理使用空间、进行三废处理、加强环境保护。联合厂房应将散发粉尘、高温或排出有害介质的车间布置在靠外墙处。

（4）产生危险和有害因素的车间、装置和设备设施与控制室、变配电室、仓库、办公室、休息室、试验室等公用设施的距离应符合防火、防爆、防尘、防毒、防振、防触电、防辐射、防噪声的规定，防火距离、消防通道、消防给水及有关设施应符合有关标准的规定。

（5）散发热量、腐蚀性、尘毒危害较严重及使用易燃易爆物料或气体、电磁电离辐射危害严重的工序，布置在靠外墙和厂房的下风向，与其他生产工序隔开，不同危害的生产工序之间亦应相互隔离。危害相同的生产工序宜集中（相邻）布置。

（6）厂区运输网应合理布局。

（二）通道

通道包括厂区主干道和车间安全通道。

（1）合理组织人流和物流。

（2）主要生产区、仓库区、动力区的道路，应环形布置。道路上部管架和栈桥等，在

干道上的净高不得小于 5 m。

（3）车间通道一般分为纵向主要通道、横向主要通道和机床之间的次要通道。车间横向主要通道的宽度不应小于 2 000 mm；机床之间的次要通道的宽度一般不应小于 1 000 mm。

（4）主要人流与货流通道的出入口分开设置：货流出入口应位于主要货流方向，应靠近仓库、堆场，并方便与外部运输线路连接：车间厂房出入口的位置和数量，应根据生产规模、总体规划、用地面积及平面布置等因素综合确定，并确保出入口的数量不少于 2 个。

厂房大门净宽度应比最大运输件的宽度大 600 mm，比最大运输件的净高度大 300 mm。

（5）设置纵横贯通的消防通道。对于大面积的联合厂房，因人员数量多，设备集中，消防安全措施不可忽视，应划分为几个消防区段，设置足够数量的灭火器和紧急报警装置，安全疏散口应能满足人员紧急疏散和消防车出入的要求。

（6）对于工厂铁路专用线的设计，繁忙线路应设置立体交叉。

（三）设备布置及安全防护措施

设备、工机具、辅助设施的布置，机器之间、机器与固定建筑物之间的距离，应有足够的安全活动空间，便于操作和维护，避免危害因素的相互影响和干扰。

（1）机床设备应保持安全距离。

（2）设备应布局合理，安全防护装置及设施齐全，符合有关设备的安全卫生规程要求。

① 带有机械传动装置的设备及联动生产线，其运动传动部件应采用固定式防护装置或活动式联锁防护装置。

② 机床应设防止切屑、磨屑和冷却液飞溅或零件、工件意外甩出伤人的防护挡板；重型机床高于 500 mm 的操作平台周围应设高度不低于 1 050 mm 的防护栏杆。

③ 产生危害物质排放的设备，应根据其特点和操作、维修要求，采取整体密闭、局部密闭或设置在密闭室内。密闭后应设排风装置；不能密闭时应设吸风罩。例如，产生大量油雾的螺纹磨床、齿轮磨床，应设排油雾装置；砂轮加工，刃具、铸铁件、木材、电碳和绝缘材料的磨切削，金属表面除锈及抛光，铸件和泥芯的清整打磨等作业点，应根据操作和设备的特点设置排风罩；可能突然产生大量有害气体或爆炸危险的工作场所，应设浓度探测、事故报警及排风装置。

④ 生产线辊道、带式运输机等运输设备，在人员横跨处，应设带栏杆的人行走桥；平台、走台、坑池边和升降口有跌落危险处，必须设栏杆或盖板：需登高检查和维修的设备处宜设钢梯；当采用钢直梯时，钢直梯 3 m 以上部分应设安全护笼。

（3）具有潜在危险的设备应根据有关标准和规定进行防护。

① 有高压、高温、高速、高电压或深冷等试验台和装置的各类试验站，必须配备各种信号、报警装置和安全防护设施。

② 高噪声设备宜相对集中，并应布置在厂房的端头，或根据实际条件采用隔声、吸声、消声等降噪减噪措施。

③ 高振设备设施宜相对集中布置，采取减振降噪等措施。

④ 输送有毒、有害、易燃、易爆、高温、高压和有腐蚀性气体或液体的管道、管件、阀门及其材质、连接等，必须分别采取密封、耐压、防腐蚀、防静电等措施。

⑤ 加热设备及反应釜等的作业孔、操作器、观察孔等应有防护设施，作业区应设置必要的热辐射提示、标志和警告信号。

（4）所有车间应配置必要的消防器材。

（四）采光照明

采光照明设计应考虑视觉功效、视觉安全、视觉作业、视觉舒适、光线充足、光环境适宜。

1. 天然采光

优先利用天然光，辅助以人工光。避免直射阳光，车间的采光系数和采光窗洞口面积与地面面积之比应符合建筑采光设计标准的规定。

2. 照明方式

工作场所通常设置一般照明，均匀照明。分区设置一般照明或局部照明。

3. 照明种类

（1）工作场所均应设置正常照明，即在正常情况下使用的室内外照明。

（2）工作场所应设置应急照明，应急照明包括疏散照明、安全照明、备用照明。

4. 光照度

作业空间应有符合标准规定的、足够的、尽可能均匀的光照度。

应急照明的照度标准值应符合下列规定：

（1）备用照明的照度标准值不低于该场所一般照明照度标准值的 10%。

（2）安全照明的照度标准值不低于该场所一般照明照度标准值的 10%。疏散照明的地面疏散通道不应低于 1 lx，垂直疏散区域不应低于 5 lx。

5. 避免眩光、频闪和阴影

机床朝向应考虑采光的方向性，窗口不宜为视觉背景，应避免阳光直射作业区。

（五）物资堆放

（1）生产物料、产品和剩余物料的堆放、布置和间隔距离，都不应妨碍人员工作和造成危害。堆放物品的场地要用黄色或白色划出明显的界限或架设围栏。

（2）易燃、易爆物质应单独储存在专用仓库、专用场地或专用储存室（柜）内，并设专人管理。物料、半成品及成品间有互相影响或本身产生有毒有害物质时，应隔离堆放。

（3）限量存储：白班存放量为每班加工量的 1.5 倍，夜班存放量为每班加工量的 2.5 倍，大件不得超过当班定额。

（4）按类存放，重不压轻，大不压小。

（5）成垛堆放的物资直接存放在地面上时，堆垛高度不应超过 1.4 m，且高与底边长之比不应大于 3。

（六）作业场所地面要求

（1）作业场地应地面平整、坚固、无坑凹，且能承受工作时规定的荷重。

（2）地面应经常保持清洁。

（3）地面平整，坑、沟、池应设置可靠的盖板或护栏，夜间应有照明。

（4）容易发生危险事故的场地，应设置醒目的安全标志，如以下情况：

① 标注在落地电柜箱、消防器材的前面，不得用其他物品遮挡的禁止阻塞线；

② 标注在突出悬挂物及机械可移动范围内，避免碰撞的安全提示线；

③ 标注在高出地面的设备安装平台边缘的安全警戒线；

④ 标注在楼梯第一级台阶和人行通道高差 300 mm 以上的边缘处的防止踏空线；

⑤ 标注在凸出于地面或人行横道上、高差 300 mm 以上的管线或其他障碍物上的防止绊跤线 。

第二节　金属切削机床及砂轮机安全技术★★★

一、金属切削机床常见的危险因素

（一）机械危险

伤害起因和伤害形式如下。

（1）卷绕和绞缠。常见的危险部位有：做回转运动的机械部件、回转件上的突出形状、旋转运动的机械部件的开口部分。

（2）挤压、剪切和冲击。引起这类伤害的是做往复直线运动或往复转角运动的零部件，其运动形式有横向水平的、垂直的、针摆式的。其造成的危险形式有：接近型的挤压危险、通过型的剪切危险、冲击危险。

（3）引入或卷入、碾轧的危险。危险产生于相互配合的运动副或接触面：啮合的夹紧点、回转夹紧区、接触的滚动面。

（4）飞出物打击的危险。引起此类危险的原因有：失控的动能、弹性元件的位能、液体或气体的位能。

（5）物体坠落打击的危险。

（6）形状或表面特征的危险。

（7）滑倒、绊倒和跌落的危险。

（二）电气危险

由于电气设备绝缘不良、带电体的屏护保护不当、电气设备接地不良，可能会导致触电等危险。

（1）触电的危险（直接或间接触电）。

（2）电气设备保护措施不当引起的危险。电气设备无短路保护或保护不当、电动机无过载保护或过载保护不当、电动机超速引起的危险，以及电压过低、电压过高或电源中断引起的危险。

（3）电气设备引起的燃烧、爆炸危险。

（三）热危险

（1）由于接触高温加工件、高温金属切屑及热加工设备的热源辐射引起的烧伤和烫伤危险，以及接触液压系统发热的元件或油液引起的烫伤危险。

（2）由于过热或过冷对健康造成的伤害，如接触或靠近极高温或极低温状态下的机械零件或材料，造成对人的伤害。

（3）作业环境过热或过冷对健康造成的危害。

（四）噪声危险

作业场所的噪声不符合规定会对人的听力造成损伤和其他生理紊乱，对语言通讯和声讯信号造成干涉。机床的噪声超标会导致人耳鸣、听力下降或疲劳和精神压抑等疾病。

（五）振动危险

切削过程中，刀具与工件之间经常会产生自由振动、强迫振动或自激振动（颤振）等类型的机械振动。振动会影响加工表面质量，降低机床和刀具的寿命，并引起噪声，导致操作人员的各种精神疾病等。

（六）辐射危险

电弧、激光辐射造成视力下降、皮肤损伤。

特种加工的电火花、电子束、离子束产生较强 X 射线等离子化辐射源，对人体健康造成损害。

电磁干扰使电气设备无法正常运行或产生误动作，电磁辐射损害人体健康。

（七）物质和材料产生的危险

接触或吸入有害液体、气体、烟雾、油雾和粉尘等的危险。

现场的发火因素，如干式磨削产生的火花，冷却液、油液燃烧或加工易燃材料引起的火灾危险；抛光金属（如镁、铝合金）零件产生爆炸性粉尘的危险；生物和微生物、冷却液、油液发霉和变质的危险。

（八）设计时忽视人机工效学产生的危险

（1）作业频率和强度不当，操作者精神紧张、心理负担过重及疲劳。

（2）作业位置和操纵装置不适，导致不利健康的操作姿势和操作力过大。

（3）未使用人员防护装备或防护装备使用不当。

（4）不符合要求的作业照明。

（5）因符号标识不清、操作方向不一致引起的误操作危险。

（九）故障、能量供应中断、机械零件破损及其他功能紊乱造成的危险

（1）机床或控制系统能量供应中断引起的危险，即动力中断或波动造成机床误动，或

动力中断后重新接通时机床自行再启动引起的危险。

（2）动力中断、连接松动、元件破损引起的危险，即刀具、工件、机床零件意外甩出，压力气体或液体意外喷出的危险。

（3）控制系统的故障或失灵、选择和安装不符合设计规定。

（4）数控系统由于记忆失灵和保护不当及与各种外部装置间的接口连接使用不当引起的危险。

（5）装配错误引起的危险。

（6）机床稳定性意外丧失引起的危险。

（十）安全措施错误、安全装置缺陷或定位不当造成的危险

（1）防护装置性能不可靠，存在漏保护区，使人员有可能在机床运转过程中进入危险区引起的危险。

（2）保护装置，如互锁装置、限位装置、压敏防护装置等的性能不可靠或失灵引起的危险。

（3）信息和报警装置、能量供应切断装置和机床危险部位未提供必要的安全信息（安全色和安全标志）或信息损污不清，报警装置未设或失灵引起的危险。

（4）急停装置性能不可靠，安装位置不合适引起的危险。

（5）安全调整和维修用的主要设备和附件未提供或提供不全引起的危险。

（6）气动排气装置安装、使用不当而导致气流将切屑和灰尘吹向操作者引起的危险。

（7）进入机床（操作、调整、维修等）措施没有提供或措施不到位引起的危险。

（8）机床液压系统、气动系统、润滑系统、冷却系统压力过大、压力损失、渣漏或喷射等引起的危险。

二、安全要求和安全技术措施

应通过设计尽可能排除或减少所有潜在的危险因素。对于通过设计不能避免或充分限制的危险，应采取必要的安全防护装置（防护装置、安全装置）。对于无法通过设计排除或减少的危险因素，而且安全防护装置对其无效或不完全有效的剩余危险，应用信息通知和警告操作者。

（一）防止机械危险的安全措施

1. 机床结构

（1）稳定性。

（2）机床外形。

2. 运动部件

（1）有可能造成缠绕、吸入或卷入等危险的运动部件和传动装置应予以封闭、设置防护装置或使用信息提示。通常传动装置采用隔离式防护装置。在人员近距离作业的操作区，对于刀具和运动部件的防护，应采用保护装置。

（2）在作业上方有物料传输装置、带传动装置及坠落物的下方，应设置防护廊、防护

棚、防护网。

（3）运动部件与运动部件之间、运动部件与静止部件（包括墙体等构筑物）之间不应存在挤压危险和剪切危险。

（4）运动部件应设置可靠的限位装置。

（5）有惯性冲击的机动往复运动部件应设置缓冲装置。

（6）运动部件应设置超负荷保护装置。

（7）运动中可能松脱的零部件必须采取有效措施加以紧固，防止松动、脱离、甩出。

（8）单向转动的部件应标出转动方向，防止反向转动。

（9）运动部件不允许同时运动时，其控制机构应联锁。

3. 夹持装置

（1）应确保不会使工件、刀具坠落或甩出，尤其是当紧急停止或动力系统故障时，必要时应限定其最高安全速度或转速。

（2）机动夹持装置夹紧过程的结束应与机床运转的开始相联锁，夹持装置的放松应与机床运转的结束相联锁。机床运转时，工件夹紧装置不应动作；未达到预期安全预紧力时，工件驱动装置不应动作；工件夹紧力低于安全值或超过允许值时，工件驱动装置应自动停止，并保持足够的夹紧力，使其可靠地停下来。

（3）手动夹持装置应采取安全措施，防止意外危险坠落或甩出，防止产生挤压手指等危险。

4. 平衡装置

（1）与机床部件及其运动有关的配重，防止配重系统元件断裂而造成的危险。

（2）采用动力平衡装置，防止动力系统发生故障时机床部件坠落而造成的危险。

（3）移动式平衡装置（如配重）应在其移动范围内采取防护措施，防止移动造成的碰撞、夹挤。

5. 排屑及防喷溅装置

（1）应采取断屑措施，排屑装置不应构成危险，必要时可与防护装置的打开和机床运转的停止联锁；手工清除废屑，应提供适宜的手用工具，严禁手抠嘴吹。

（2）机床输送高压流体的冷却系统、液压系统、气动系统及润滑系统，应设有防止超压的安全阀或调整压力变化的溢流阀：备能器能自动卸压或安全闭锁。避免冷却液、切削液、油液和润滑剂流失到机床周围的地面：设置防护挡板，防止溅出。

6. 工作平台、通道、开口

工作平台、通道、开口应采取防止滑倒、绊倒和跌落的措施。

（1）高度超过 500 mm 时，安装防坠落护栏、安全护笼及防护板等。

（2）通道最小净高度为 2 100 mm，通道的最小净宽度为 600 mm，最佳为 800 mm。多人同时交叉通过的通道净宽度为 1 000 mm。

（3）相邻地板构件之间的最大高度差不超过 4 mm，通道地板的最大开口应使直径

35 mm 的球体不能穿过该开口。对下面有人工作的非临时通道，其地板最大开口不应让直径 20 mm 的球体穿过。

（4）机床的电线和电缆导管、油管、气管和冷却管的排列和布置应不会引起绊倒危险。

（二）防止电气危险的安全措施

1. 防止触电

（1）加强电气设备的带电体、绝缘、保护接地和电磁兼容的防护。

（2）过电流的保护、电动机的过载和超速保护、电压波动和电源中断的保护、接地故障（或剩余电流）保护等各种电气保护应符合有关规定。

（3）电气设备应防止或限制静电放电，必要时可设置放电装置。

2. 控制系统

（1）在控制系统出现故障时，也不应导致危险产生（如意外启动、速度失控、运动无法停止、安全装置失效等）。

（2）控制装置应设置在危险区以外（紧急停止装置、移动控制装置等除外）并设置视觉或听觉警告信号装置或警告信息，使工作区内的人员及时撤离或迅速制止启动。

（3）启动和停止。停止后重新启动。操作状况有重大变化和防护装置尚未闭合时，机床只应在人的有意控制下才能启动；停止装置应位于每个启动装置附近。

（4）控制模式选择。在特别的安全措施（如减速，减功率）或其他措施下，机床的危险运动部件才允许运转。

（5）紧急停止装置。紧急停止装置的布置应保证操作人员易于触及且操作无危险；形状应明显区别于一般开关，易识别，易接近。该装置复位时不应使机床启动，必须按启动顺序重新启动才能重新运转。

（6）数控系统。应防止非故意的程序损失和电磁故障，当信息中断或损坏，程序控制系统不应再发出下一步指令，但仍可完成在故障前预先选定的工序；当错误信息输入时，工作循环不能进行。

（三）防止物质和材料危险的安全措施

（1）主要通过清除或最大限度地减小危险的设计（工程）措施来实现。

（2）总体设计应采取有效措施消除或最大限度地减少有害物质的排放；采取有效的通风措施；采取净化和个体防护措施，使油雾浓度的最大值不超过 5 mg/m^3；采取有效的防护、除尘、净化等措施并采用监测装置，使粉尘浓度的最大值不超过 10 mg/m^3。

（3）消除或最大限度地减小机器自身或物质的过热风险。限制现场可燃物和助燃物的量，控制爆炸性气体、粉尘的浓度，防止气体、液体、粉尘等物质产生火灾和爆炸危险。有可燃性气体和粉尘的作业场所，应采取避免火花产生的措施，有良好的通风系统，并综合考虑防火防爆措施和报警系统，合理选择和配备消防设施。

（四）防止不满足安全人机学要求危险的安全措施

（1）运动幅度、可见性、姿势等应与人的能力和极限相适应，工作位置应适合操者的身体尺寸、工作性质及姿势；防止操作时出现干扰、紧张、生理或心理危险。

（2）友好的人机界面设计。

（五）其他危险的安全措施

1. 热危险

可采取降低表面温度、绝热材料包覆、设置保护装置（屏障或栅栏）、表面结构糙化、液压系统控制油温等工程措施，加设警示标志，必要时提供个人防护装备。

2. 噪声和振动

应采取措施降低机床的噪声和振动对人体健康的影响。

3. 电离和非电离辐射

（1）高频、微波、激光、紫外线、红外线等非电离辐射作业，应合理选择作业点、减少辐射、屏蔽辐射源、做好个体防护。使用激光的作业环境，禁止使用镜面反射的材料，光通路应设置密封式防护罩。

（2）对于存在电离辐射的放射源库、放射性物料及废料堆放处理场所，应有安全防护措施，外照射防护的基本方法是时间、距离、屏蔽防护，并应设有明显的标志、警示牌和划出禁区范围。

三、砂轮机安全技术

（一）砂轮机加工的特点

（1）砂轮的运动速度高。

（2）砂轮的非均质结构。

（3）磨削的高热现象。

（4）大量的磨削粉尘。

（二）磨削加工的危险因素

（1）机械伤害。运动零部件与人员接触、碰撞，与高速旋转的砂轮触碰造成擦伤；夹持不严的加工件甩出；砂轮损坏，碎块飞甩打击伤人，这些都是后果严重的伤害，是防护的重点。

（2）噪声危害。噪声可高达 115 dB 以上。

（3）粉尘危害。

（4）磨削时产生的火花。

（三）砂轮机的安全要求

1. 砂轮主轴的安全要求

砂轮主轴端部螺纹应满足防松脱的紧固要求，其旋向须与砂轮工作时的旋转方向相反，砂轮机应标明砂轮的旋转方向；墙部螺纹应足够长。切实保证整个螺母旋入压紧；主轴螺纹部分须延伸到紧固螺母的压紧面内，但不得超过砂轮最小厚度内孔长度的 1/2。

2. 砂轮卡盘的安全要求

砂轮卡盘直径不得小于砂轮直径的 1/3，切断用砂轮的卡盘直径不得小于砂轮直径的

1/4；卡盘结构应均匀平衡，各表面平滑无锐棱。夹紧装配后，与砂轮接触的环形压紧面应平整、不得翘曲；卡盘与砂轮侧面的非接触部分应有不小于 1.5 mm 的足够间隙。

3. 砂轮防护罩的安全要求

砂轮防护罩的总开口角度应不大于 90°。如果使用砂轮安装轴水平面以下砂轮部分加工，防护罩开口角度可以增大到 125°，而在砂轮安装轴水平面的上方，在任何情况下防护罩开口角度都应不大于 65°。

砂轮卡盘外侧面与砂轮防护罩开口边缘之间的间距不大于 15 mm。防护罩上方可调护板与砂轮圆周表面间应可调整至 6 mm 以下，托架合面与砂轮主轴中心线等高。托架与砂轮圆周表面间隙应小于 3 mm。防护罩的圆周防护部分应能调节或配有可调护板，以便补偿砂轮的磨损。当砂轮磨损时，砂轮的四周表面与防护罩可调护板之间的距离应不大于 1.6 mm。随时调节工件托架以补偿砂轮的磨损，使工件托架和砂轮间的距离不大于 2 mm。

4. 电气的安全要求

（1）电源接线端子与保持接地端之间的绝缘电阻不应小于 1 MΩ。

（2）接地装置处应有清晰、永久固定的接地标记。

5. 其他安全要求

（1）在空运转条件下，噪声声压级不得超过 80 dB。

（2）干式磨削砂轮机应设置吸尘装置，砂轮防护罩应备有吸尘口，带除尘装置的砂轮机的粉尘浓度不应超过 10 mg/m^3。

（3）砂轮只可单向旋转，在砂轮机的明显位置上应标有砂轮的旋转方向。

（四）砂轮机的使用安全

1. 砂轮的检查

有裂纹或损伤等缺陷的砂轮绝对不准安装使用；标记检查；平衡试验。

2. 砂轮机的操作要求

在任何情况下都不允许超过砂轮的最高工作速度。

使用砂轮的圆周表面进行磨削作业，不得使用砂轮的侧面进行磨削。操作者应站在砂轮的斜前方位置，不得站在砂轮正面。禁止多人共用一台砂轮机同时操作。

应有有效的通风除尘能力。发生砂轮破坏事故后，必须检查砂轮防护罩是否有损伤，砂轮卡盘有无变形或不平衡，并检查砂轮主轴端部螺纹和紧固螺母，合格后方可使用。

3. 个体防护要求

操作者应佩戴眼镜或护目镜。金属研磨操作者应特别注意防止铅化合物等重金属污染。

第三节　冲压剪切机械安全技术★★

压力加工的危险因素有机械危险、电气危险、热危险、噪声振动危险、材料和物质危险以及违反安全人机学原则导致的危险等，其中以机械伤害的危险性最大。压力机在作业危险区特有的冲压事故尤为突出。压力机的安全功能部件包括高合器和制动器、紧急制动装置、安全防护装置和安全辅助装置等与安全相关的部件。

一、冲压事故分析

（一）冲压事故的共同特点

（1）危险状态：滑块做上下往复直线运动。

（2）操作危险区：压力机滑块安装冲模后，冲模的垂直投影面的范围的模口区。

（3）危险时间：随着滑块的下行程，上、下模具的相对距高变小甚至闭合的阶段。

（4）危险事件：在特定时间（滑块的下行程）内，操作者在该区城进行安装调试冲模，对放置的材料进行剪切；冲压成形或组装等零部件加工作业时，当人的手臂仍然处于危险空间（模口区）时发生挤压、剪切等机械伤害。

（二）冲压事故的原因

（1）冲压操作简单，动作单一。

（2）作业频率高。

（3）冲压机械噪声和振动大。

（4）设备原因。模具结构设计不合理、未安装安全装置或安全装置失效、冲头打崩、机器本身故障造成连冲或不能及时停车等。

（5）人的手脚配合不一致，或多人操作彼此动作不协调。

（三）实现冲压安全的对策

（1）采用手用工具送、取料，避免人的手部伸入模口区。

（2）设计安全化模具，缩小模口危险区；设置滑块小行程，使人手无法伸进模口区。

（3）提高送、取料的机械化和自动化水平，代替人工送、取料。

（4）在操作区采用安全装置，保障在滑块的下行程期间人手处于危险模口区之外。

解决冲压事故的根本措施是在实现本质安全措施的基础上，在操作区使用安全防护装置。

二、压力机作业区的安全保护

（一）操作控制系统

操作控制系统包括离合器、制动器和脚踏或手操作装置。离合器及其控制系统应保证在气动、液压和电气失灵的情况下，离合器立即脱开，制动器立即制动。脚踏操作与双手操作应具有联锁控制。在离合器、制动器控制系统中，须有急停按钮。急停按钮停止动作应优先于其他控制装置。

（二）安全防护装置

安全防护装置分为安全保护装置与安全保护控制装置。安全防护装置应具备以下安

全功能之一：① 在滑块运行期间，人体的任一部分不能进入工作危险区：② 在滑块下行程期间，人体的任一部分不能进入工作危险区：③ 在滑块下行程期间，当人体的任一部分进入危险区，滑块能停止下行程或超过下死点。安全保护装置包括活动、固定栅栏式装置及推手式装置、拉手式装置等。安全保护控制装置包括双手操作式装置、光电感应保护装置等。危险区开口小于 6 mm 的压力机可不配置安全防护装置。

1. 固定式封闭防护装置

常见有固定和活动联锁式，实体隔离有透明实体隔板、栅栏式防护装置，应满足下列安全要求：

（1）防护装置应牢固地安装在机床、周围其他固定的结构件或地面上，不用专门工具不能拆除。

（2）固定式防护装置的送料开口、栅栏式防护装置的栅栏间隙及隔离实体到危险线的安全距离，应符合防止上下肢触及危险区的安全距高的标准要求。

（3）联锁式防护装置只有在活动护栏门关闭后才能启动工作。

2. 双手操作式安全保护控制装置

（1）双手操作的原则。

（2）重新启动的原则。

（3）最小安全距离的原则。

（4）操纵器的装配要求：两个操纵器（按钮或操纵手柄的手握部位）的内缘装配距离至少相隔 260 mm；为防止意外触动，按钮不得凸出台面或加以遮盖。

（5）对需多人协同配合操作的压力机，应为每位操作者配置双手操纵装置，并且只有全部操作者协同操作双手操纵装置时，滑块才能启动运行。

双手操作式安全装置只能保护使用该装置的操作者，不能保护其他人员的安全。

3. 光电保护装置

光电保护装置是最广泛的安全保护控制装置。

当人体的某个部位进入危险区（或接近危险区）时，立即会被检测出来，滑块停止运动或不能启动。光电保护装置应满足以下功能：

（1）保护范围。

（2）自保功能。必须按动“复位”按钮，滑块才能再次启动。

（3）回程不保护功能。

（4）自检功能。

（5）响应时间与安全距离。装置响应时间不得超过 20 ms。

（6）抗干扰性。

4. 拉（推或按）手式安全装置

拉（推或按）手式安全装置属于机械式安全装置，可防止操作者双手误入危险区。若手已入危险区，通过该安全装置将手随冲模的闭合拉（推或按）出危险区。

5. 安全操作附件

安全操作附件包括手用钳、钩、镊、各式吸盘及工艺专用工具等。手用工具本身并不具备安全装置的基本功能，是安全操作的辅助手段，不能取代安全装置。

（三）消减冲模危险区的措施

（1）减少上、下模非工作部分的接触面，将上模座正面和侧面制成斜面、倒钝外廓和非工作部件的尖角。

（2）当冲模闭合时，从下模座上平面至上模座下平面的最小间距应大于60 mm。

（3）手工上下料时，在冲模的相应部位应开设避免压手的空手槽。

（四）其他保护措施

（1）超载保护装置。

（2）安全支撑装置。

（3）紧急停止按钮。必须装设红色紧急停止按钮，该装置在供电中断时，应以不大于0.20 s 的时间快速制动。

（4）安全监控、显示装置。

（5）防松措施。

（6）解救被困人员。

三、剪板机安全技术

（一）一般安全要求

（1）剪板机应有单次循环模式。

（2）压料装置（压料脚）应确保剪切前将剪切材料压紧，压紧后的板料在剪切时不能移动。

（3）安装在刀架上的刀片应固定可靠。

（4）剪板机上的所有紧固件应紧固。

（5）在使用剪板机时，剪板机后部落料危险区域一般应设置阻挡装置。

（6）设置合适的安全监督控制装置。

（7）剪板机上必须设置紧急停止按钮。

（二）安全防护装置

剪板机安全防护装置防止从前部、侧面和后部接触运动的刀口、电动后挡料及辅助装置。如果剪板机完成工作需从多个侧面接触危险区域，每一个侧面都应设置安全防护装置。

安全防护装置有以下几种类型。

（1）固定式防护装置。

（2）联锁防护装置或联锁防护装置与固定式防护装置的组合。

（3）光电保护装置。

第四节 木工机械安全技术★★

一、木材加工的特点和危险因素

（一）木材加工的特点

（1）木材加工使用高速机械，刀具转速高。

（2）加工对象木材存在天然缺陷：木材具有生物活性，有些还有刺激性物质。

（3）易燃易爆。

（4）木工机械作业大多是敞开式的，手工送进工件操作比例高。

（二）木材加工的危险因素

（1）机械危险。

（2）木材的生物效应危险。

（3）化学危害。

（4）木粉尘伤害。

（5）火灾和爆炸的危险。

（6）噪声和振动危害。

二、木工机械安全技术

（一）稳定性

机床的结构应具备将其固定在地面、台面或其他稳定结构上的特点。

（二）操控装置

装有使机床相应的危险运动件停止的停止操纵装置；装配一个自动制动器，使刀具主轴 10 s 内停止运动。

（三）工作台和导向板

对于手推工件进给的机床，工件的加工必须通过工作台、导向板等来支撑和定位。

（四）安全防护装置

根据机床的具体结构，采用固定式或活动式、可调式或自调式、全封闭或栅栏式安全防护装置。控制方式有机械式、光电式、手动式等多种类型。安全防护装置应能防护机床的整个工作范围（高度、宽度）并能够承受材料的冲击力。

（五）非机械危险的防护

（1）所有电气设备应符合安全要求，尤其是电击防护、短路保护、过载保护、接地保护等。

（2）降噪与减振。

（3）防止有害物排放。保证工作场所的粉尘浓度不超过 10 mg/m^3 并提供保护耳朵和眼睛的个人防护设备。

（4）防火防爆。

三、木工平刨床安全技术

（一）刨刀轴

（1）刀轴必须是装配式圆柱形结构，严禁使用方形刀轴。

（2）组装后的刨刀片径向伸出量不得大于 1.1 mm。

（3）组装后的刀轴须经强度试验和离心试验，试验后的刀片不得有卷刃、崩刃或显著磨钝现象。

（4）刀轴驱动装置的所有外露旋转件都必须有牢固可靠的防护罩，并在罩上标出单向转动的明显标志；须设有制动装置，在切断电源后，保证刀轴在规定的时间内停止转动。

（二）加工区安全防护装置

平刨床操作危险区必须设置安全防护装置，其基本功能是遮盖刀轴，防止切手。可采用护指键、护罩或护板等形式，控制方式有机械式、光电式、电磁式、电感应式等。

（1）非工作状态下，护指键（或护罩）必须在工作台面全宽度上盖住刀轴。

（2）刨削时仅打开与工件等宽的相应刀轴部分，其余的刀轴部分仍被遮盖。未打开的护指键或护罩部分必须能自锁或被锁紧。

（3）应有足够的强度与刚度。整体护罩或全部护指键应承受 1 kN 径向压力，发生径向位移时，位移后与刀刃的剩余间隙应大于 0.5 mm。

（4）安全装置闭合灵敏，从接到闭合指令开始到护指键或护罩关闭为止，闭合时间不得大于 80 ms；爪形护指键的相邻键间距应小于 8 mm。

（5）装置不得涂耀眼的颜色，不得反射光泽。

四、带锯机安全技术

带锯机的特点是高速运动的带锯条悬空段长、自由度大、刚性差，容易出现振动、锯条自锯轮上脱落、锯条断裂等情况，锯条的切割伤害等是主要的危险因素。

（一）带锯条的安全要求

（1）带锯条的锯齿应锋利，齿深不得超过锯宽的 1/4。锯条厚度应与匹配的带锯轮相适应。避免小轮选用大厚度锯条而造成断裂伤人。

（2）锯条焊接应牢固平整，接头不得超过 3 个，两接头之间的长度应为总长的 1/5 以上，接头厚度应与锯条厚度基本一致。

（3）严格控制带锯条的横向裂纹，裂纹超长应切断重新焊接。

（二）操控机构的安全要求

（1）启动按钮应设置在能够确认锯条位置状态、便于调整锯条的位置上。

（2）启动按钮应灵敏、可靠。

（3）上锯轮机动升降机构与锯机启动操纵机构联锁，下锯轮装有能对运转进行有效制

动的装置。

（4）必须设置急停控制按钮。

（三）带锯机安全防护装置

锯轮、锯条、带传动等部位必须设置安全防护装置。

（1）锯轮防护。无论上锯轮处于任何位置，防护罩均应能罩住锯轮 3/4 以上表面。

（2）锯齿防护罩。

五、圆锯机安全技术

（一）安全防护装置

圆锯片采用自关闭式或可调式安全防护装置。

1. 刀具（锯片）的防护

（1）应提供可调的锯片防护装置，对在工作台上方的锯片部位进行防护。

（2）应有足够的强度、刚度和正确的几何尺寸。

（3）应采用部分封闭式结构。

（4）安装必须稳固可靠、位置正确，其支承连接部分的强度不得低于防护罩的强度，能承意外冲击力或其他作用力。

2. 分料刀

（1）应采用优质碳素钢 45 或同等机械性能的其他钢材制造。

（2）应有足够的宽度，以保证其强度和刚度。

（3）分料刀的引导边应是楔形的，其圆弧半径不应小于圆锯片半径。

（4）分料刀应能在锯片平面上做上下和前后方向的调整；分料刀顶部应不低于锯片圆周上的最高点；分料刀与锯片最靠近的点与锯片的距离不超过 3 mm，其他各点与锯片的距离不得超过 8 mm。

（二）带防护功能的手用工作装置

应提供采用塑料、木材或胶合板制造的推棒和推块。

（三）有害物的排除

采用吸尘罩或吸尘接口排除锯屑和粉尘。要防火和防爆。

第五节　铸造安全技术★★

一、铸造作业的危险有害因素

1. 火灾及爆炸

红热的铸件、飞溅的铁水等一旦遇到易燃易爆物品，易引发火灾和爆炸事故。

2. 灼烫

灼烫包括熔融的金属烫伤、飞溅的铁水烫伤、高温铸件烫伤。

3. 机械伤害

机械伤害包括造型机压伤，以及设备修理时误启动导致的砸伤、碰伤。

4. 高处坠落

维护、检修和使用时，易从高处坠落。

5. 尘毒危害

在砂型、砂芯运输、加工过程中，打箱、落砂及铸件清理中，都会使作业区产生大量的粉尘；冲天炉、电炉产生的烟气中含有大量对人体有害的一氧化碳；在烘烤砂型或砂芯时也有二氧化碳气体排出；利用焦炭熔化金属，以及铸型、浇包、砂芯干燥和浇铸过程中都会产生二氧化硫气体。

6. 噪声振动

在铸造车间使用的震实造型机、铸件打箱时使用的震动器，以及在铸件清理工序中，利用风动工具清铲毛刺，利用滚筒清理铸件等都会产生大量噪声和强烈的振动。

7. 高温和热辐射

铸造生产散发出大量的热量，在夏季车间温度会达到 40 ℃或更高。

二、铸造作业安全技术措施

（一）工艺要求

1. 工艺布置

污染较小的造型、制芯工段在集中采暖地区应布置在非采暖季节最小频率风向的下风侧，在非集中采暖地区应位于全面最小频率风向的下风侧。砂处理、清理等工段宜用轻质材料或实体墙等设施与其他部分隔开；大型铸造车间的砂处理、清理工段可布置在单独的厂房内。造型、落砂、清砂、打磨、切割、焊补等工序宜固定作业工位或场地，以方便采取防尘措施。

2. 工艺设备

凡产尘污染的定型铸造设备，制造厂应配置密闭罩，非标准设备在设计时应附有防尘设施。型砂准备及砂的处理应密闭化、机械化。输送散料状干物料的带式运输机应设封闭罩。混砂不宜采用扬尘大的爬式翻斗加料机和外置式定量器，宜采用带称量装置的密闭混砂机。炉料准备的称量、送料及加料应采用机械化装置。

3. 工艺方法

冲天炉熔炼不宜加萤石。回用热砂应进行降温去灰处理。

4. 工艺操作

宜采用湿法作业。落砂、打磨、切割等操作条件较差的场合，宜采用机械手遥控隔离作业。

（1）炉料准备。炉料准备包括金属块料（铸铁块料、废铁等）、焦炭及各种辅料。在准备过程中最容易发生事故的是破碎金属块料。

（2）熔化设备。用于机器制造工厂的熔化设备主要是冲天炉（化铁）和电弧炉（炼钢）。

冲天炉的熔炼过程是：从炉顶加料口加入焦炭、生铁、废钢铁和石灰石，高温炉气上升和金属炉料下降，伴随着底焦的燃烧，使金属炉料预热、熔化且铁水过热，在炉气、炉渣及焦炭的作用下使铁水成分发生变化。所以，其安全技术主要从装料、鼓风、熔化、出渣出铁、打炉修炉等环节考虑。

（3）浇注作业。浇注作业一般包括烘包、浇注和冷却三个工序。浇注前检查浇包是否符合要求，升降机构、倾转机构、自锁机构及抬架是否完好、灵活、可靠；浇包盛铁水不得太满，不得超过容积的 80%，以免洒出伤人；浇注时，所有与金属溶液接触的工具，如扒渣棒、火钳等均需预热，防止与冷工具接触产生飞溅。

（4）配砂作业。配砂作业的不安全因素有：粉尘污染；钉子、铁片、铸造飞边等杂物扎伤；混砂机运转时，操作者伸手取砂样或试图铲出型砂，结果造成被打伤或被拖进混砂机等。

（5）造型和制芯作业。很多造型机、制芯机都是以压缩空气为动力源，设有相应的安全装置，如限位装置、联锁装置、保险装置。

（6）落砂清理作业。铸件冷却到一定温度后，将其从砂型中取出，并从铸件内腔中清除芯砂和芯骨的过程称为落砂。有时为提高生产率，过早地取出铸件，因其尚未完全凝固而易导致烫伤事故。

（二）建筑要求

铸造车间应安排在高温车间、动力车间的建筑群内，建在厂区其他不释放有害物质的生产建筑的下风侧。厂房主要朝向宜南北向。铸造车间四周应有一定的绿化带。铸造车间除设计有局部通风装置外，还应利用天窗排风或设置屋顶通风器。熔化、浇注区和落砂、清理区应设避风天窗。有桥式起重设备的边跨，宜在适当高度位置设置能启闭的窗扇。

（三）除尘要求

1. 炉窑

（1）炼钢电弧炉。排烟宜采用炉外排烟、炉内排烟、炉内外结合排烟。通风除尘系统的设计参数应按冶炼氧化期最大烟气量考虑。电弧炉的烟气净化设备宜采用干式高效除尘。

（2）冲天炉。冲天炉的排烟净化宜采用机械排烟净化设备，包括高效旋风除尘器、颗粒层除尘器、电除尘器。当粉尘的排放浓度在 400～600 mg/m^3 时，最好利用自然通风和喷淋装置进行排烟净化。

2. 破碎与碾磨设备

颚式破碎机上部，直接给料，落差小于 1 m 时，可只做密闭罩而不排风。当下部落差大于等于 1 m 时，下部均应设置排风密封罩。球磨机的旋转滚筒应设在全密闭罩内。

3. 砂处理设备、筛选设备、输送设备

这些设备及制芯、造型、落砂及清理、铸件表面清理等均应通风除尘。

第六节 锻造安全技术★★

一、锻造作业的危险有害因素

（1）机械伤害。机械伤害有：锻锤锤头击伤；打飞锻件伤人；辅助工具打飞击伤；模具、冲头打崩、损坏伤人；原料、锻件等在运输过程中造成的砸伤；操作杆打伤、锤杆断裂击伤等。

（2）火灾爆炸。红热的坯料、锻件及飞溅氧化皮等一旦遇到易燃易爆物品，极易引发火灾和爆炸事故。

（3）灼烫。锻造加工坯料常加热至 800～1 200 ℃，引起灼烫。

二、锻造作业的安全技术措施

（1）锻压机械的机架和突出部分不得有棱角或毛刺。

（2）外露的传动装置必须要有防护罩，防护罩需用铰链安装在锻压设备的不动部件上。

（3）锻压机械的启动装置必须能保证对设备进行迅速开关，并保证设备运行和停车状态的连续可靠。

（4）启动装置的结构应能防止锻压机械意外地开动或自动开动。较大型的空气锤或蒸汽–空气自由锤一般是用手柄操纵的，应该设置简易的操作室或屏蔽装置。

（5）电动启动装置的按钮，其上需标有“启动”“停车”等字样。停车按钮为红色，位置比启动按钮高 10～12 mm。

（6）高压蒸汽管道上必须装有安全阀和凝结罐，以消除水击现象，降低突然升高的压力。

（7）蓄力器通往水压机的主管上必须装有当水耗量突然增高时能自动关闭水管的装置。

（8）任何类型的蓄力器都应有安全阀。安全阀必须由技术检查员加铅封，定期检查。

（9）安全阀的重锤必须封在带锁的锤盒内。

（10）安设在独立室内的重力式蓄力器必须装有荷重位置指示器，使操作人员能在水压机的工作地点上观察到荷重的位置。

（11）新安装和经过大修理的锻压设备应该根据设备图样和技术说明书进行验收和试验。

（12）操作人员应认真学习操作规程，加强设备的维护、保养。

第七节　安全人机工程基本知识★★★

一、定义与研究内容

（一）安全人机工程的定义

研究“人–机–环境”系统，并使三者在安全的基础上达到最佳匹配，以确保系统高效、经济运行的一门综合性科学。

（二）研究的主要内容

安全人机工程主要研究人与机器的关系，具体研究内容如下。

（1）分析机械设备及设施在生产过程中的不安全因素，针对性地进行有关安全设计。

（2）生理心理特性研究，人机匹配，构成最佳人机系统。

（3）信息传递的安全问题。

（4）人机系统的可靠性。

在人与机器的关系中，人处于核心，起主导作用，机器起着安全可靠的保证作用。解决安全问题的基本需求是实现生产过程的机械化和自动化。

二、人的特性

（一）人的生理特性

1. 人体供能与劳动强度分级

1）人体特性参数

（1）人体尺寸参数。

（2）动态参数。

（3）生理参数。

（4）生物力学参数。

2）能量代谢

人体能量的产生和消耗称为能量代谢。能量代谢分为 3 种，即基础代谢、安静代谢和活动代谢。其影响因素有作业类型、作业方法、作业姿势、作业速度等。

3）劳动强度及分级

劳动强度按照能耗量、氧耗、心率、直肠温度、排汗率或相对代谢率等指标分级。

WBGT 指数又称湿球黑球温度指数，是综合评价人体接触作业环境热负荷的一个基本参量，单位为℃。

劳动强度的分级如下。

Ⅰ级（$I \leqslant 15$）：轻劳动。

Ⅱ级（$I > 15 \sim 20$）：中等劳动。

Ⅲ级（$I > 20 \sim 25$）：重劳动。

Ⅳ级（$I > 25$）：极重劳动。

2. 疲劳

（1）疲劳的分类：肌肉疲劳（或称体力疲劳）和精神疲劳（或称脑力疲劳）。

（2）疲劳的原因：工作条件因素（工作环境）、作业者本身的因素（造成心理疲劳的诱因）。

（3）消除疲劳的途径：显示器和控制器设计时充分专虑人的生理、心理因素，改善工作环境，合理安排作息时间，注意劳逸结合。

（4）单调作业与轮班作业。

单调作业：指内容单一、节奏较快、高度重复的作业。单调作业所产生的枯燥、乏味和不愉快的心理状态又称为单调感。

单调作业的特点：作业简单，变化少、刺激少，引不起兴趣；受制约多，缺乏自主性，容易丧失工作热情；对作业者技能、学识等要求不高，易造成作业者情绪消极；只完成工作的一小部分，体验不到整个工作的目的、意义，自我价值实现程度低；作业只有少量单项动作，周期短，频率高，易引起身体局部出现疲劳乃至心理厌烦。

轮班作业：单班制、两班制、三班制或四班制等（考虑工作效率和身心健康）。

改进单调作业的措施如下。

① 培养多面手。

② 工作延伸。

③ 操作再设计。

④ 显示作业终极目标。

⑤ 动态信息报告。

⑥ 推行消遣工作法。

⑦ 改善工作环境。

（二）人的心理特性

1. 能力

主要有感觉、知觉、观察力、注意力、记忆力、思维想象力和操作能力等。

2. 性格

主要有冷静型、活泼型、急躁型、轻浮型和迟钝型。

3. 需要与动机

对安全的需要更为突出。

4. 情绪与情感

情绪是由肌体生理需要是否得到满足而产生的体验。有 2 种不安全情绪：急躁情绪、

烦躁情绪。

三、机械特性

（1）信息接收。机器在接受物理因素时，其检测度量的范围非常广，这是人所无法企及的。

（2）信息处理。机器若按预先编程，可快速、准确地进行工作：记忆正确并能长时间储存，调出速度快；能连续进行超精密的重复操作和按程序的大量常规操作，可靠性较高；对处理液体、气体和粉状体等比人优越，但处理柔软物体不如人；能够正确地进行计算，但难以修正错误；图形识别能力弱；能进行多通道的复杂动作。

（3）信息的交流与输出。机器与人之间的信息交流只能通过特定的方式进行，能够输出极大的和极小的功率，但在做精细的调整方面，多数情况下不如人手，难做精细的调整；一些专用机械的用途不能改变，只能按程序运转，不能随机应变。

（4）学习与归纳能力。机器的学习能力较差，灵活性也较差，只能理解特定的事物，决策方式只能通过预先编程来确定。

（5）可靠性和适应性。机器在持续性、可靠性和适应性方面有以下特点：可连续、稳定、长期地运转，需要维修和保养；机器可进行单调的重复性作业而不会疲劳和厌烦；可靠性与成本有关，设计合理的机器对设定的作业有很高的可靠性，但对意外事件则无能为力；机器的特性固定不变，不易出错，但是一旦出错则不易修正。

（6）环境适应性。机器能适应不良的环境条件，可在恶劣的环境，甚至危险的环境下可靠地工作。

（7）成本。机器设备一次性投资可能过高；寿命期限内的运行成本较人工成本要低；不足是万一机器不能使用，本身价值完全失去。

四、人与机器特性的比较

（一）人优于机器的功能

（1）在感知方面，人的某些感官的感受能力比起机器来要优越。

（2）人能够运用多种通道接收信息，当一种信息通道发生障碍时，可运用其他的通道进行补偿。机器只能按设计的固定结构和方法输入信息。

（3）人具有高度的灵活性和可塑性，能随机应变，采取灵活的程序和策略处理问题。人能够根据情境改变工作方法，能够学习和适应环境，能够应付意外事件和排除故障，有良好的优化决策能力。机器应付偶然事件的程序非常复杂，均需要预先设定，任何高度复杂的自动系统都离不开人的参与。

（4）人能够长期大量储存信息并能综合利用记忆的信息进行分析和判断。

（5）人具有总结和利用经验、除旧创新、改进工作的能力。机器无论多么复杂，只能按照人预先编排好的程序进行工作。

（6）人能够进行归纳、推理，能够在获得实际观察资料的基础上，归纳出一般结论，形成概念，并能够创造、发明。

（7）人的最重要的特点是有感情、意识和个性，具有能动性，能够继承历史、文化和精神遗产。

（二）机器优于人的功能

（1）机器能够平稳而准确地输出巨大的动力，输出值域宽广。人受身体结构和生理特性的限制，可使用的力量小且输出功率较小。

（2）机器的动作速度极快，信息传递、加工和反应的速度也极快。

（3）机器运行的精度高。人的操作精度远不如机器，对刺激的感受阈也有限。

（4）机器的稳定性好，做重复性工作时不存在疲劳和单调等问题。人的工作易受身心因素和环境条件等的影响，因此在感受外界影响和操作的稳定性方面不如机器。

（5）机器对特定信息的感受和反应能力一般比人高。

（6）机器能够同时完成多种操作，且可保持较高的效率和准确度。人一般只能同时完成1～2 项操作，而且 2 项操作容易相互干扰，而难以持久地进行。

（7）机器能够在恶劣的环境条件下工作，而人则无法耐受恶劣的环境。

五、人机系统与人机作业环境

（一）人机系统的类型

人机系统可分为人工操作系统、半自动化系统和自动化系统。

在人工操作系统、半自动化系统中，人机共体，或机为主体，人在系统中主要充当生产过程的操作者与控制者。其安全性主要取决于人机功能分配的合理性、机器的本质安全性及人为失误状况。

在自动化系统中，则以机为主体，机器的正常运转完全依赖于闭环系统的机器自身的控制，人只是一个监视者和管理者。只有在自动控制系统出现差错时，人才进行干预，采取相应的措施。其安全性主要取决于机器的本质安全性、机器的冗余系统是否失灵以及人处于低负荷时的应急反应变差等情形。

人机系统按有无反馈控制可分为闭环人机系统和开环人机系统两类。

按系统中人机结合的方式可分为人机串联系统、人机并联系统和人机串、并联混合系统等类型。

（二）人机系统的可靠度计算

人机系统可看成串联系统。

人机系统的可靠度为：

$$R_S=R_{人}R_{机器}=R_HR_M$$

人机系统的可靠度采用并联方法来提高。常用的方法为并行工作冗余法和后备冗余法。

1. 两人监控人机系统的可靠度

（1）异常状况时，相当于两人并联，可靠度大。

正确操作的概率为：

$$R_{Hb}=1-(1-R_1)(1-R_2)$$

（2）正常状况时，相当于两人串联，可靠度小。

正确操作的概率为：

$$R_{Hc}=R_1R_2$$

所以，两人监控人机系统的可靠度如下。

正常时：

$$R=R_1R_2R_M$$

异常时：

$$R=R_{Hb}R_M=[1-(1-R_1)(1-R_2)]\times R_M$$

2. 多人表决的冗余人机系统的可靠度

若由几个人构成控制系统，当其中 R 个人的控制系统工作同时失误时，系统才会失败。

（三）人机作业环境

1. 光的度量

光的度量相关知识见表 1–1。

表 1–1　光的度量

名　称	定　　义	单　位	测量工具
光通量	单位时间内通过的光量	流［明］（lm）	光电管
光强	光源发出并包含在给定方向上单位立体角内的光通量	坎［德拉］（cd）	
亮度	发光面在指定方向的发光强度与发光面在垂直于所取方向的平面上的投影面积之比	cd/m^2	亮度计
照度	被照面单位面积上所接受的光通量	勒［克斯］（lx）	光电池照度计

2. 照明对作业的影响

照明与疲劳。合适的照明能提高近视力和远视力；照明不良时易使视觉疲劳。疲劳的症状有：眼球干涩、怕光、眼病、视力模糊、眼充血、出眼屎、流泪等。

3. 色彩环境

色彩可以引起人的情绪反应，色彩的生理作用主要表现为对视觉疲劳的影响。

人眼对明度和彩度的分辨力较差，色彩对比时，常以色调对比为主。

对引起眼睛疲劳而言，蓝、紫色最甚，红、橙色次之，黄绿、绿、绿蓝等色调不易引起视觉疲劳且认读速度快、准确度高。

红色色调会使人的各种器官机能兴奋和不稳定，有促使血压升高及脉搏加快的作用。

蓝色、绿色等色调则会抑制各种器官的兴奋并使机能稳定，可起到一定的降低血压及减缓脉搏的作用。

选择适当的色彩设计方案手段：颜色的利用、表面特性的显示、颜色的合理选用，结合元反射表面的利用，避免作业人员视觉的紧张和疲劳等。

颜色设计具体应遵循的原则：面对作业人员的墙壁，避免采用强烈的颜色对比；避免过多地使用黑色、暗色或深色；避免有光泽的或具有反射性的涂料；避免过度使用反射性强的颜色；控制台或工作台应使用低的颜色对比；避免环境中有高饱和色等。

第二章 电气安全技术

第一节 电气事故及危害★★★

一、电气事故

按照电能的形态，电气事故分为触电事故、电气火灾爆炸事故、雷击事故、静电事故、电磁辐射事故和电路事故等。

（1）触电事故分为电击和电伤。电击是电流直接通过人体造成的伤害。电伤是电流转换成热能、机械能等其他形态的能量作用于人体造成的伤害。在触电伤亡事故中，85%以上的死亡事故是电击造成的。

（2）电气火灾爆炸事故。

（3）雷击事故。

（4）静电事故。

（5）电磁辐射事故：辐射电磁波指频率 100 kHz 以上的电磁波。

（6）电路事故：断线、短路、接地、漏电、突然停电、误合闸送电、电气设备损坏等都属于电路故障。

二、触电事故要素

（一）触电事故种类

1. 电击

通常所说的触电指的是电击，是电流直接作用于人体造成的伤害。

（1）按照发生电击时电气设备的状态，电击分为直接接触电击和间接接触电击。

直接接触电击是触及正常状态下带电的带电体时（如误触接线端子）发生的电击，也称为正常状态下的电击。绝缘、屏护、间距等属于防止直接接触电击的安全措施。

间接接触电击是触及正常状态下不带电，而在故障状态下意外带电的带电体时（如触及漏电设备的外壳）发生的电击，也称为故障状态下的电击。

接地、接零、等电位连接等属于防止间接接触电击的安全措施。

（2）按照人体触及带电体的方式和电流流过人体的途径，电击可分为单线电击、两线电击和跨步电压电击。

单线电击是发生最多的触电事故。危险程度与带电体电压、人体电阻、鞋袜条件、地面状态等因素有关。

两线电击是不接地状态的人体某两个部位同时触及不同电位的两个导体时，由接触电压造成的电击。其危险程度主要决定于接触电压和人体电阻。

跨步电压电击一般发生在故障接地点附近（特别是高压故障接地点附近），有大电流流过的接地装置附近，防雷接地装置附近以及可能落雷的高大树木或高大设施所在的地面。

2. 电伤

电伤是电流的热效应、化学效应、机械效应等对人体所造成的伤害。常见电伤有：电烧伤（最常见的电伤）、电流灼伤、电弧烧伤（最严重的电伤）、电烙印、皮肤金属化、机械损伤、电光性眼炎。

（二）电流对人体的作用

1. 电流对人体作用的生理反应

电流通过人体，会引起麻感、针刺感、打击感、痉挛、疼痛、呼吸困难、血压异常、昏迷、心律不齐、窒息、心室纤维性颤动等症状。数十至数百毫安的小电流通过人体短时间使人致命最危险的原因是引起心室纤维性颤动。

2. 电流对人体作用的影响因素

严重程度与通过人体电流的大小、电流通过人体的持续时间、电流通过人体的途径、电流的种类以及人体状况等多种因素有关。特别是电流大小与通电时间之间有着十分密切的关系。50 Hz 是人们接触最多的频率，对于电击来说也是最危险的频率。

（1）电流大小的影响。

① 感知电流。感知概率为 50%的平均感知电流，成年男子约 1 mA，成年女子为 0.7 mA。最小感知电流约为 0.5 mA，且与时间无关。感知电流不会对人体构成生理伤害，可能导致摔倒、坠落等二次事故。

② 摆脱电流。主要与个体生理特征、电极形状、电极尺寸等因素有关。摆脱概率为 50%的摆脱电流，成年男子约为 16 mA，成年女子约为 10.5 mA；摆脱概率为 99.5%的摆脱电流，则分别约为 9 mA 和 6 mA。摆脱电流是人体可以忍受但一般尚不致造成严重后果的极限电流。

③ 室颤电流。通过人体引起心室发生纤维性颤动的最小电流称为室颤电流。在电流不超过数百毫安的情况下，电击致命的主要原因是心室纤维性颤动。室颤电流造成的危害除决定于电流持续时间、电流途径、电流种类等电气参数外，还决定于机体组织、心脏功能。室颤电流与电流持续时间有很大关系。当电流持续时间超过心脏跳动周期时，人的室颤电流约为 50 mA；当电流持续时间短于心脏跳动周期时，室颤电流约为 500 mA。

（2）电击持续时间越长，越容易引起心室纤维性颤动，即电击危险性越大。

（3）电流途经心脏是最危险的途径。

流过心脏的电流越多，且电流路线越短的途径是电击危险性越大的途径。左手至胸部途径的心脏电流系数为1.5，是最危险的途径。

（三）人体阻抗

1. 人体阻抗组成

由皮肤、血液、肌肉、细胞组织及其结合部所组成，是含有电阻和电容的阻抗。

2. 人体电阻范围

在干燥条件下，当接触电压在100～220 V范围内时，人体电阻大致上在2 000～3 000 Ω之间。

3. 人体电阻影响因素

随着接触电压升高，人体电阻急剧降低。皮肤状态对人体电阻的影响很大。电流持续时间延长，人体电阻由于出汗等原因而下降。接触面积增大、接触压力增大、温度升高时，人体电阻也会降低。人体电阻还与个体特征有关。

第二节 触电防护技术★★★

一、绝缘、屏护和间距

（一）绝缘

是指利用绝缘材料对带电体进行封闭和隔离。

1. 绝缘材料

（1）固体绝缘材料，包括玻璃、云母、石棉等无机绝缘材料，橡胶、塑料、纤维制品等有机绝缘材料和玻璃漆布等复合绝缘材料。

（2）液体绝缘材料，包括矿物油、硅油等液体。

（3）气体绝缘材料，包括六氟化硫、氮等气体。

2. 绝缘材料性能

包括电性能、力学性能、热性能、吸潮性能、化学性能、抗生物性能等多项性能指标。

（1）电性能。作为绝缘结构，主要性能是绝缘电阻、耐压强度、泄漏电流和介质损耗。

（2）力学性能。绝缘材料的力学性能指强度、弹性等性能。随着使用时间延长，力学性能将逐渐降低。

（3）热性能。绝缘材料的热性能包括耐热性能、耐弧性能、阻燃性能、软化温度和黏度。

（4）吸潮性能。吸潮性能包括吸水性能和亲水性能。

3. 绝缘破坏

（1）绝缘击穿。固体绝缘的击穿有电击穿、热击穿、电化学击穿、放电击穿等击穿形式。

（2）绝缘老化。是指不可逆的物理化学变化，以及电气性能和机械性能劣化。

（3）绝缘损坏。

4. 绝缘检测

包括绝缘试验和外观检查。

现场绝缘试验指绝缘电阻试验。

绝缘材料的阻燃性能：用氧指数表示。氧指数是在规定的条件下，材料在氧、氮混合气体中恰好能保持燃烧状态所需要的最低氧浓度。氧指数用百分数表示。氧指数在 21%以下的材料为可燃性材料，氧指数在 21%～27%之间的为自熄性材料，氧指数在 27%以上的为阻燃性材料。

（二）屏护和间距

1. 屏护

屏护是采用护罩、护盖、栅栏、箱体、遮栏等将带电体同外界隔绝开来。

屏护的安全作用是防止触电（防止触及或过分接近带电体）、防止短路及短路火灾、防止被机械破坏以及便于安全操作。

固定式屏护装置所用材料应有强度和耐燃性能。

屏护装置的网眼不应大于（20 mm×20 mm）～（40 mm×40 mm）。

屏护装置须符合以下安全条件：

（1）遮栏高度不应小于 1.7 m，下部边缘离地面高度不应大于 0.1 m。户内栅栏高度不应小于 1.2 m；户外栅栏高度不应小于 1.5 m。

（2）对于低压设备，遮栏与裸导体的距离不应小于 0.8 m，栏条间的距离不应大于 0.2 m；网眼遮栏与裸导体的距离不宜小于 0.15 m。其安全作用与屏护的安全作用基本相同。带电体与地面之间、带电体与树木之间、带电体与其他设施和设备之间、带电体与带电体之间均需保持一定的安全距离。安全距离的大小决定于电压高低、设备类型、环境条件和安装方式等因素。

（3）屏护装置应安装牢固。凡用金属材料制成的屏护装置，必须接地（或接零）。

（4）遮栏、栅栏等屏护装置上应根据被屏护对象挂上“止步!高压危险！”“禁止攀登!”等标示牌。

（5）遮栏出入口的门上应根据需要安装信号装置和联锁装置。

2. 间距

架空线路应避免跨越建筑物，架空线路不应跨越可燃材料屋顶的建筑物。架空线路应与有爆炸危险的厂房和有火灾危险的厂房保持必需的防火间距。架空线路断线接地时，为了防止跨步电压伤人，在离接地点 4～8 m 范围内，不能随意进入。

在低压作业中，人体及其所携带工具与带电体的距离不应小于 0.1 m。在 10 kV 电压线附近作业，无遮栏时，人体及其所携带工具与带电体的距离不应小于 0.7 m；有遮栏时，遮栏与带电体之间的距离不应小于 0.35 m。

二、保护接地和保护接零

（一）接地保护

接地保护和接零保护都是防止间接接触电击的基本技术措施。

1. IT 系统

即保护接地系统：I——配电网不接地或经高阻抗接地；T——设备外壳接地。

1）IT 系统安全原理

R_P 是人体电阻，R_E 是接地电阻。如配电网各相对地电压为 220 V，人体电阻为 2 000 Ω，在无接地情况下人体电压 U_P=158.3 V。在设备有接地的情况下，$R_E \ll R_P$，如 R_E=42 Ω，人体电压降低为 U_P=4.6 V，危险性基本消除。

将在故障情况下可能呈现危险对地电压的金属部分经接地线、接地体同大地连接起来，把故障电压限制在安全范围以内的做法就是保护接地。

2）保护接地应用范围和基本要求

（1）适用于各种不接地配电网。在这类配电网中，凡由于绝缘损坏或其他原因而可能呈现危险电压的金属部位，除另有规定外，均应接地。

（2）380 V 不接地低压配电网中，保护接地电阻 $R_E \leqslant 4$ Ω。

（3）当配电变压器或发电机的容量不超过 100 kV・A 时，可以使 $R_E < 10$ Ω。

2. TT 系统

T——配电网直接接地；T——电气设备外壳接地。主要用于低压用户。

低压中性点直接接地的三相四线配电网能提供一组线电压和一组相电压。这种配电网的优点是过电压防护性能较好，一相故障接地时单相电击的危险性较小，故障接地点比较容易检测。中性点引出的 N 线称为中性线。由于 N 线的作用是与任一相线一起提供 220 V 的工作电压，而且是与零电位大地连起来的，因而 N 线也称为工作零线。中性点的接地电阻 R_N 称为工作接地电阻。在接地的配电网中，单相电击的危险性比不接地的配电网单相电击的危险性大。

如有一相漏电，则故障电流主要经接地电阻 R_E 和工作接地电阻 R_N 构成回路，$R_E \ll R_P$，漏电设备对地电压即人体电压，这一电压与没有接地时接近相电压的对地电压比较，已明显降低。一般的短路保护不起作用，不能及时切断电源，使故障长时间延续下去。采用 TT 系统时，应当保证在允许故障持续时间内，漏电设备的故障对地电压不超过某一限值。

在 TT 系统中应装设能自动切断漏电故障的漏电保护装置（剩余电流保护装置）。

（二）接零保护

1. 保护接零系统安全原理和类别

字母 N 表示电气设备在正常情况下不带电的金属部分与配电网中性点（N 点）之间做金属性连接，当设备某相带电体碰连设备外壳（外露导电部分）时，通过设备外壳形成该相对保护零线的单相短路，短路电流促使线路上的短路保护迅速动作，从而将故障部分断开电源，消除电击危险。保护接零也能在一定程度上降低漏电设备对地电压。

TN 系统分为 TN–S、TN–C–S、TN–C 三种方式（区别：PE 线与 N 线是否分开，干线是否共用）。TN–S 系统的安全性能最好。

TN–S 系统是保护零线与中性线完全分开的系统。

TN–C–S 系统是干线部分的前段保护零线与中性线共用，后一段保护零线与中性线分开的系统。

TN–C 系统是干线部分保护零线与中性线完全共用的系统。

在 TN 系统中，中性线用 N 表示，专用的保护线用 PE 表示，共用的保护线与中性线用 PEN 表示。

2. TN 系统速断和限压要求

除速断保护的作用外，保护接零也能降低漏电设备对地电压。手持式电动工具、移动式电气设备的线路或插座回路，电压 220 V 的故障持续时间不超过 0.4 s，380 V 的不超过 0.2 s。为了实现保护接零要求，可以采用一般过电流保护装置或剩余电流保护装置。

3. 保护接零应用范围

用于中性点直接接地电压 0.23/0.4 kV 的三相四线配电网。在保护接零系统中，凡因绝缘损坏而可能呈现危险对地电压的金属部分均应接零。

TN–S 系统：用于有爆炸危险，或火灾危险性较大，或安全要求较高的场所，宜用于有独立附设变电站的车间。

TN–C–S 系统：宜用于厂内设有总变电站，厂内低压配电的场所及非生产性楼房。

TN–C 系统：用于无爆炸危险、火灾危险性不大、用电设备较少、用电线路简单且安全条件较好的场所。

在接地的三相四线配电网中，应当采取接零保护。但在现实中，往往会发现接零系统中有个别设备只接地、不接零的情况，即在 TN 系统中个别设备构成 TT 系统的情况。除非接地的设备装有快速切断故障的自动保护装置（如漏电保护装置），否则不得在 TN 系统中混用 TT 方式。

4. 重复接地

指 PE 线或 PEN 线上除工作接地以外其他点的再次接地。这样起到的作用如下：

（1）减轻零线断开或接触不良时电击的危险性。

（2）降低漏电设备的对地电压。

（3）改善架空线路的防雷性能。

（4）缩短漏电故障持续时间。

5. 工作接地

指配电网在变压器或发电机中性点的接地。

作用：减轻各种过电压的危险。在配电系统发生一相故障接地的情况下，如有工作接地电阻 $R<40\ \Omega$，一般可限制中性线对地电压不超过 50 V、非接地相对地电压不超过 250 V。

在不接地的 10 kV 系统中，工作接地与变压器外壳的接地、避雷器的接地是共用的，接地电阻应根据三者中要求最高的确定。一般要求 $R<4\ \Omega$；在高土壤电阻率地区，允许放宽至 $R<100\ \Omega$。

在直接接地的 10 kV 系统中，工作接地应与变压器外壳的接地、避雷器的接地分开。

6. 等电位连接

指保护导体与建筑物用于其他目的的不带电导体之间的连接，是保护接零系统的组成部分，保护导体干线接向低压总开关柜。总开关柜内保护导体端子排与自然导体之间的连接称为主等电位连接。总开关柜以下，保护导体连接到配电箱或用电设备。

主等电位连接导体的最小截面积不得小于最大保护导体截面积的 1/2，且不得小于 6 mm^2。两台设备之间局部等电位连接导体的最小截面积不得小于两台设备保护导体中较小者的截面积。设备与设备外导体之间的局部等电位连接线的截面积不得小于该设备保护零支线截面积的 1/2。

（三）保护导体和接地装置

1. 保护导体

1）保护导体组成

包括保护接地线、保护接零线和等电位连接线。保护导体分为人工保护导体和自然保护导体。

保护导体干线必须与电源中性点和接地体（工作接地、重复接地）相连。

为了保持保护导体导电的连续性，所有保护导体，包括有保护作用的 PEN 线上均不得安装单极开关和熔断器。

各设备的保护（支线）不得串联连接，即不得利用设备的外露导电部分作为保护导体的一部分。

2）保护导体截面积

为满足导电能力、热稳定性、力学稳定性、耐化学腐蚀的要求，保护导体必须有足够的截面积。

3）相–零线回路检测

包括保护零线完好性、连续性检查和相–零线回路阻抗测量。

测量相–零线回路阻抗是为了检验接零系统是否符合规定的速断要求。

2. 接地装置

1）自然接地体和人工接地体

自然接地体是用于其他目的，但与土壤保持紧密接触的金属导体。自然接地体至少应有两根导体在不同地点与接地网相连（线路杆塔除外）。

2）接地线

交流电气设备应优先利用自然导体作接地线。在非爆炸危险环境，如自然接地线有足够的截面，可不再另行敷设人工接地线。非经允许，接地线不得作其他电气回路使用。不得利用蛇皮管、管道保温层的金属外皮或金属网以及电缆的金属护层作接地线。

3）接地装置安装

接地体上端离地面深度不应小于 0.6 m（农田地带不应小于 1 m），并应在冰冻层以下。接地体宜避开人行道和建筑物出入口附近，接地体的引出导体应引出地面 0.3 m 以上。接地体离独立避雷针接地体之间的地下水平距离不得小于 3 m；离建筑物墙基之间的地下水平距离不得小于 1.5 m。

4）接地装置连接

接地装置地下部分的连接应采用焊接，并应采用搭焊。

三、双重绝缘、安全电压和漏电保护

（一）双重绝缘

双重绝缘属于防止间接接触电击的安全技术措施。

1. 双重绝缘结构

双重绝缘是强化的绝缘结构，包括双重绝缘和加强绝缘。双重绝缘指工作绝缘（基本绝缘）和保护绝缘（附加绝缘）。保护绝缘是不可触及的导体与可触及的导体之间的绝缘，是当工作绝缘损坏后用于防止电击的绝缘。加强绝缘是与双重绝缘具有相同绝缘水平的单一绝缘。具有双重绝缘的电气设备属于Ⅱ类设备。

按其外壳特征，分为 3 种类型，有绝缘外壳基本上连成一体的设备、金属外壳基本上连成一体的设备和兼有部分绝缘外壳和部分金属外壳的设备。

2. 双重绝缘的基本条件

Ⅱ类设备的绝缘电阻用 500 V 直流电压测试。工作绝缘的绝缘电阻不得低于 2 MΩ。保护绝缘的绝缘电阻不得低于 5 MΩ，加强绝缘的绝缘电阻不得低于 7 MΩ。明显部位应有“回”形标志。凡属双重绝缘的设备，不得再接地或接零。

（二）安全电压

是指在一定条件下、一定时间内不危及生命安全的电压，包括安全特低电压、保护特低电压和功能特低电压，属既能防止间接接触电击，也能防止直接接触电击的安全技术措施。具有依靠安全电压供电的设备属于Ⅲ类设备。

1. 安全电压限值和额定值

1）限值

安全电压限值是在任何情况下，任意两导体之间都不得超过的电压值。工频安全电压有效值的限值为 50 V，直流安全电压的限值为 120 V。

2）额定值

工频有效值的额定值有 42 V、36 V、24 V、12 V 和 6 V。凡特别危险环境使用的手持电动工具应采用 42 V 安全电压的Ⅲ类工具；凡有电击危险环境使用的手持照明灯和局部照明灯应采用 36 V 或 24 V 安全电压；金属容器内、隧道内、水井内以及周围有大面积接

地导体等工作地点狭窄、行动不便的环境应采用 12 V 安全电压；6 V 安全电压用于特殊场所。当电气设备采用 24 V 以上安全电压时，必须采取直接接触电击的防护措施。

2. 安全电源及回路配置

1）安全电源

通常采用安全隔离变压器作为特低电压的电源。安全隔离变压器的一次线圈与二次线圈之间有良好的绝缘，其间还可用接地的屏蔽隔离开来。特低电压边均应与高压边保持双重绝缘的水平。安全隔离变压器应具有耐热、防潮、防水及抗爆的结构。Ⅰ类电源变压器可能触及的金属部分必须接地（或接零）。其电源线中，应有一条专用的黄绿相间颜色的保护线。Ⅱ类电源变压器不采取接地（或接零）措施，没有接地端子。

2）回路配置

安全电压回路的带电部分必须与较高电压的回路保持电气隔离，并不得与大地、保护接零（地）线或其他电气回路连接。但变压器外壳及其一、二次线圈之间的屏蔽隔离层应按规定接地或接零。如果变压器不具备双重绝缘的结构，为了减轻变压器一次线圈与二次线圈短接的危险，二次线圈应接地或接零。安全电压的配线如果与其他电压等级的配线共同敷设，其绝缘水平应与共同敷设的其他较高电压等级配线的绝缘水平一致。

3）插销座

安全电压设备的插销座不得带有接零或接地插头或插孔。为了防止与其他电压的插销座有插错的可能，特低电压应采用不同结构的插销座，或者在其插座上有明显的标志。

4）短路保护

安全隔离变压器的一次边和二次边均应装设短路保护元件。

5）功能特低电压

功能特低电压的补充安全要求是，装设必要的屏护或加强设备的绝缘，以防止直接接触电击。当该回路与一次边保护零线或保护地线连接时，一次边应装设防止电击的自动断电装置，以防止间接接触电击。

（三）电气隔离和不导电环境

属于防止间接接触电击的安全技术措施。

1. 电气隔离

指工作回路与其他回路实现电气上的隔离。其安全原理是在隔离变压器的二次边构成了一个不接地的电网，阻断在二次边工作的人员单相电击电流的通路。

电气隔离的回路必须符合以下条件：

（1）电源变压器必须是隔离变压器。

（2）二次边保持独立。被隔离回路不得与其他回路及大地有任何连接。

（3）二次边线路要求。二次边线路电压不能过高，二次边线路不能过长。

（4）等电位连接。隔离回路中各台设备的金属外壳之间应采取等电位连接措施。

2. 不导电环境

指地板和墙都用不导电材料制成。

（1）电压 500 V 及以下者，地板和墙每一点的电阻不应低于 50 kΩ；电压 500 V 以上者不应低于 100 kΩ。

（2）保持间距或设置屏障，防止人体在工作绝缘损坏后同时触及不同电位的导体。

（3）具有永久性特征。为此，场所不会因受潮而失去不导电性能，不会因引进其他设备而降低安全水平。

（4）为了保持不导电特征，场所内不得有保护零线或保护地线。

（5）有防止场所内高电位引出场所范围外和场所外低电位引入场所范围内的措施。

（四）漏电保护

（1）作用：有防止人身电击，防止因接地故障引起的火灾和监测一相接地故障的作用。

（2）主要参数：额定剩余动作电流、额定剩余不动作电流、分断时间。

主要用于防止间接接触电击和直接接触电击。用于防止直接接触电击时，只作为基本防护措施的补充保护措施。漏电保护装置也可用于防止漏电火灾，以及用于监测一相接地故障。

1. 漏电保护原理

电压型漏电保护装置以设备上的故障电压为动作信号，电流型漏电保护装置以漏电电流或触电电流为动作信号。动作信号经处理后带动执行元件动作，促使线路迅速分断。

电流型漏电保护通常指剩余电流型漏电保护。这种漏电保护装置采用零序电流互感器作为取得触电或漏电信号的检测元件。

2. 漏电保护装置的动作参数

电流型漏电保护装置的主要动作参数是动作电流和动作时间。电流型漏电保护装置的动作电流可分为 15 个等级。其中，30 mA 以下的属高灵敏度，主要用于防止触电事故；30 mA 以上、1 000 mA 以下的属中灵敏度，用于防止触电事故和漏电火灾；1 000 mA 以上的属低灵敏度，用于防止漏电火灾和监视一相接地故障。为了避免误动作，保护装置的额定不动作电流不得低于额定动作电流的 1/2。

动作时间指动作时最大分断时间。按照动作时间，漏电保护装置有快速型、定时限型和反时限型。延时型只能用于动作电流 30 mA 以上的漏电保护装置。防止触电的漏电保护装置宜采用高灵敏度、快速型装置。

按照动作原理，漏电保护装置分为电压型和电流型两类。

按照有无电子元器件，分为电子式和电磁式两类。

3. 漏电保护装置的安装和运行

属于 I 类的移动式电气设备及手持式电动工具：生产用的电气设备，施工工地的电气机械设备，安装在户外的电气装置，临时用电的电气设备，机关、学校、宾馆、饭店、企事业单位和住宅等除壁挂式空调电源插座外的其他电源插座或插座回路，游泳池、喷水

池、浴池的电气设备，安装在水中的供电线路和设备，医院中可能直接接触人体的电气医用设备等均必须安装漏电保护装置。

对于公共场所的通道照明电源和应急照明电源、消防用电梯及确保公共场所安全的电气设备、用于消防设备的电源（如火灾报警装置、消防水泵、消防通道照明等）、用于防盗报警的电源，以及其他不允许突然停电的场所或电气装置的电源，漏电时立即切断电源将会造成其他事故或重大经济损失，在这些情况下，应装设不切断电源的报警式漏电保护装置。

从防止触电的角度考虑，使用特低电压供电的电气设备、一般环境条件下使用的具有双重绝缘或加强绝缘结构的电气设备、使用隔离变压器且二次侧为不接地系统供电的电气设备，以及其他没有漏电危险和触电危险的电气设备可以不安装漏电保护装置。

第三节　电气防火防爆技术★★

一、电气引燃源

（1）危险温度产生原因：短路、过载、漏电、接触不良、铁芯过热、散热不良、机械故障、电压异常、电热器具和照明器具。

（2）电火花和电弧：电火花是电极间的击穿放电，电弧是大量电火花汇集而成的。分为工作电火花和电弧、事故电火花和电弧（8 000 ℃）。

二、危险物质和爆炸危险环境

（一）危险物质的性能参数和分级分组

分类：Ⅰ类（矿井甲烷）、Ⅱ类（爆炸性气体、蒸气）、Ⅲ类（爆炸性粉尘、纤维、飞絮）。

1. 闪点

在规定的试验条件下，易燃液体能释放出足够的蒸气并在液面上方与空气形成爆炸性混合物，点火时能发生闪燃的最低温度。闪点越低，危险性越大。

2. 燃点

物质在空气中点火时发生燃烧，移开火源仍能继续燃烧的最低温度。对于闪点不超过45 ℃的易燃液体，一般只考虑闪点，不考虑燃点。

3. 引燃温度

在规定试验条件下可燃物质不需外来火源即发生燃烧的最低温度。爆炸性气体蒸气、薄雾按引燃温度分为6组（T1、T2、T3、T4、T5、T6）。

4. 爆炸极限

在一定的温度和压力下，气体、蒸气、薄雾或粉尘、纤维与空气形成的能够被引燃并传播火焰的浓度范围。该范围的最低浓度称为爆炸下限，最高浓度称为爆炸上限。

甲烷的爆炸极限为5%～15%，汽油的为7.6%～14%，乙烷的为15%～82%等。

5. 最小点燃电流比

是指在规定试验条件下，气体、蒸气、薄雾爆炸性混合物的最小点燃电流与甲烷爆炸性混合物的最小点燃电流之比。

6. 最小引燃能量

在规定的试验条件下，能使爆炸性混合物燃爆所需最小电火花的能量。

7. 最大试验安全间隙

衡量爆炸性物质传爆能力的性能参数，是在规定试验条件下，两个经过长25 mm的间隙连通的容器，一个容器内燃爆不引起另一个容器内燃爆的最大连通间隙。

在爆炸性粉尘环境中粉尘分为以下三级：

ⅢA级，可燃性飞絮；ⅢB级，非导电性粉尘；ⅢC级，导电性粉尘。

（二）爆炸危险环境

1. 气体、蒸气爆炸危险环境

根据爆炸性气体、蒸气混合物出现的频繁程度和持续时间将此类危险场所分为0区、1区和2区。

0区，指正常运行时持续出现或长时间出现或短时间频繁出现爆炸性气体、蒸气或薄雾，能形成爆炸性混合物的区域。除了装有危险物质的封闭空间，如密闭的容器、储油罐等内部气体空间外，很少存在0区。

1区，指正常运行时可能出现（预计周期性出现或偶然出现）爆炸性气体、蒸气或薄雾，能形成爆炸性混合物的区域。

2区，指正常运行时不出现，即使出现也只可能是短时间偶然出现爆炸性气体、蒸气或薄雾，能形成爆炸性混合物的区域。危险区域的级别和大小受释放源特征、通风条件、危险物质性质等因素的影响

2. 粉尘、纤维爆炸危险环境

根据爆炸性粉尘、纤维混合物出现的频繁程度和持续时间分为20区、21区和22区。

三、爆炸危险区域

（一）气体、蒸气爆炸危险环境

1. 释放源和通风条件对区域危险等级的影响

释放源是划分爆炸危险区域的基础，分为连续释放、长时间释放或短时间频繁释放的连续级释放源。正常运行时周期性释放或偶然释放的为一级释放源；正常运行时不释放或不经常且只能短时间释放的为二级释放源；很多现场还存在上述两种以上特征的多级释放源。

通风情况是划分爆炸危险区域的重要因素，分为自然通风、一般机械通风和局部机械

通风等类型。

良好的通风标志是混合物中危险物质的浓度被稀释到爆炸下限的 1/4 以下。

划分危险区域时，应综合考虑释放源和通风条件，并应遵循下列原则：

（1）存在连续级释放源的区域可划为 0 区，存在第一级释放源的区域可划为 1 区，存在第二级释放源的区域可划为 2 区。

（2）如通风良好，应降低爆炸危险区域等级；如通风不良，应提高爆炸危险区域等级。

（3）局部机械通风在降低爆炸性气体混合物浓度方面比自然通风和一般机械通风更为有效时，可采用局部机械通风降低爆炸危险区域等级。

（4）在障碍物、凹坑和死角处，应局部提高爆炸危险区域等级。

（5）利用提或墙等障碍物，限制比空气重的爆炸性气体混合物的扩散，可缩小爆炸危险区域的范围。

2. 危险区域的范围

爆炸危险区域的范围应根据释放源的级别和位置、易燃物质的性质、通风条件、障碍物及生产条件、运行经验，经技术经济比较综合确定危险区域范围的大小。当危险物质释放量越大、浓度越高、爆炸下限越低、闪点越低、温度越高、通风越差时，爆炸危险区域越大。

在建筑物内部，宜以厂房为单位划定爆炸危险区域的范围。如果厂房内空间大，释放源释放的易燃物质量少，可按厂房内部分空间划定爆炸危险的区域范围。在后一情况下，必须充分虑危险气体、蒸气的密度和通风条件。

（二）粉尘、纤维爆炸危险环境

20 区包括粉尘容器、旋风除尘器、搅拌器等设备内部的区域。

21 区包括频繁打开的粉尘容器出口附近、传送带附近等设备外部邻近区域。

22 区包括粉尘袋、取样点等周围的区域。

爆炸性粉尘环境的范围，应根据爆炸性粉尘的量、释放率、浓度和物理特性，以及相似厂房的实践经验等确定。

四、防爆电气设备和防爆电气线路

（一）防爆电气设备

1. 防爆电气设备类型

主要包括隔爆型、增安型、本质安全型、正压型、充油型、充砂型、无火花型、浇封型、气密型等。

隔爆型设备：具有能承受内部的爆炸性混合物发生爆炸而不致受到破坏，而且通过外壳任何结合面或结构间隙，不致由内部爆炸引起外部爆炸性混合物爆炸的电气设备。

增安型设备：在正常时不产生火花、电弧或高温的设备上采取加强措施以提高安全水平的电气设备。

本质安全型设备：正常状态下和故障状态下产生的火花或热效应均不能点燃爆炸性混合物的电气设备。

正压型设备：向外壳内充入带正压的清洁空气、惰性气体或连续通入清洁空气以阻止爆炸性混合物进入外壳内的电气设备。

充油型设备：将可能产生电火花、电弧或危险温度的带电零部件浸在绝缘油里，使之不能点燃油面上方。

充砂型设备：将细粒状物料充入设备外壳内，令壳内出现的电弧、火焰传播、壳壁温度及粒料表面温度不能点燃周围爆炸性混合物的电气设备。

无火花型设备：在防止产生危险温度、防冲击、防机械火花、防电缆事故、外壳防护等方面采取措施，以防止火花、电弧或危险温度的产生来提高安全程度的电气设备。无火花型设备在正常条件下不会点燃周围爆炸性混合物，而且一般不会发生有点燃作用的故障。

浇封型设备：将可能产生能点燃混合物的电弧、火花及高温部件浇封在环氧树脂等浇封剂里面，使其不能点燃周围爆炸性混合物的设备。

气密型设备：用熔化、挤压或胶粘的方法制成气密外壳，能防止外部气体进入壳内的设备。

2. 防爆电气设备的保护级别（EPL）

EPL 用于表示设备的固有点燃风险，区别爆炸性气体环境、爆炸性粉尘环境和煤矿有甲烷的爆炸性环境的差别。

用于煤矿有甲烷的爆炸性环境中的Ⅰ类设备的 EPL 分为 Ma、Mb 两级。

用于爆炸性气体环境的Ⅱ类设备的 EPL 分为 Ga、Gb、Gc 三级。

用于爆炸性粉尘环境的Ⅲ类设备的 EPL 分为 Da、Db、Dc 三级。

3. 防爆电气设备的标志

ExdⅡBT3Gb，表示该设备为隔爆型“d”，保护级别（EPL）为 Gb，用于ⅡB 类 T3 组爆炸性气体环境的防爆电气设备。

（二）防爆电气线路

1. 线路敷设方式

（1）敷设位置：宜在爆炸危险性较小的环境或远离释放源的地方敷设。

（2）敷设方式：钢管配线可采用无护套的绝缘单芯或多芯导线。

（3）在爆炸性气体环境内钢管配线的电气线路必须做好隔离密封。

（4）导体材质：在 1 区内电缆线路严禁有中间接头，在 2 区、20 区、21 区内不应有中间接头。

（5）架空电力线路严禁跨越爆炸性气体环境，架空线路与爆炸性气体环境的水平距离，不应小于杆塔高度的 1.5 倍。

2. 隔离密封

敷设电气线路的沟道以及保护管、电缆或钢管在穿过爆炸危险环境等级不同的区域之

间的隔墙或楼板时，应用非燃性材料严密堵塞。

3. 导线材料

爆炸危险环境应优先采用铜线。

1 区和 21 区的电力及照明线路应采用截面不小于 2.5 mm^2 的铜芯导线。

2 区和 22 区电力线路应采用截面不小于 1.5 mm^2 的铜芯导线或截面不小于 1.6 mm^2 的铝芯导线。

2 区和 22 区照明线路应采用截面不小于 1.5 mm^2 的铜芯导线。

在有剧烈振动处应选用多股铜芯软线或多股铜芯电缆。

爆炸危险环境不宜采用油浸纸绝缘电缆。

在爆炸危险环境，低压电力、照明线路所用电线和电缆的额定电压不得低于工作电压，并不得低于 500 V。中性线应与相线有同样的绝缘能力，并应在同一护套内。

对于爆炸危险环境中的移动式电气设备，1 区和 21 区应采用重型电缆，2 区和 22 区应采用中型电缆。

4. 允许载流量

爆炸危险环境导线允许载流量不应高于非爆炸危险环境的允许载流量。

1 区、2 区导体允许载流量不应小于熔断器熔体额定电流和断路器长延时过电流脱扣器整定电流的 1.25 倍，也不应小于电动机额定电流的 1.25 倍。高压线路应进行热稳定校验。

五、电气防火防爆技术

（一）消除或减少爆炸性混合物

采取封闭式作业，防止爆炸性混合物泄漏；清理现场积尘，防止爆炸性混合物累积正压室，防止爆炸性混合物侵入；采取开式作业或通风措施，稀释爆炸性混合物；危险空间充填惰性气体或不活泼气体，防止形成爆炸性混合物；安装报警装置，当混合物中危险物品的浓度达到其爆炸下限的 10%时报警等。

（二）消除引燃源

根据爆炸危险环境的特征和危险物的级别、组别选用电气设备和电气线路，并保持电气设备和电气线路安全运行。安全运行包括电流、电压、温升和温度等参数不超过允许范围，包括绝缘良好、连接和接触良好、整体完好无损、清洁、标志清晰等。

（三）隔离和间距

室内电压 10 kV 以上、总油量 60 kg 以下的充油设备，可安装在两侧有隔板的间隔内。总油量 60～600 kg 者，应安装在有防爆隔墙的间隔内；油量 600 kg 以上者，应安装在单独的间隔内。

10 kV 变、配电室不得设在爆炸危险环境的正上方或正下方；变、配电室与爆炸危险环境或火灾危险环境毗连时，隔墙应用非燃材料制成；配电室允许通过走廊或套间与火灾危险环境相通，但走廊或套间应由非燃材料制成。隔墙上与变、配电室有关的管子和沟道，孔洞应用非燃性材料严密堵塞。毗连变、配电室的门、窗应向外开，通向无爆炸或火灾危险的环境。

（四）爆炸危险环境接地和接零

（1）交流 127 V 及以下、直流 110 V 及以下的电气设备也应接地（或接零），并实施等电位连接。

（2）将所有设备的金属部分、金属管道以及建筑物的金属结构全部接地（或接零），连接成连续整体。

（3）采用 TNS 系统，并装设双极开关同时应先断开电磁起动器或低压断路器，后断开闸刀开关操作相线和中性线。保护导体的最小截面，铜导体不得小于 4 mm^2，钢导体不得小于 6 mm^2。

（4）在不接地配电网中，必须装设一相接地时或严重漏电时能自动切断电源的保护装置或能发出声、光双重信号的报警装置，短路保护应有较高的灵敏度。

（五）电气灭火

1. 触电危险和断电

（1）火灾发生后，开关设备绝缘能力降低，因此，拉闸时用绝缘工具操作。

（2）高压应先断开断路器，后断开隔离开关；低压应先断开电磁启动器或低压断路器，后断开闸刀开关。

（3）剪断电线时，不同相的电线应在不同的部位剪断，以免造成短路。

2. 带电灭火安全要求

（1）二氧化碳灭火器、干粉灭火器可用于带电灭火，泡沫灭火器的灭火剂不宜用于电气灭火。

（2）用水灭火时，水枪喷嘴至带电体的距离，电压 10 kV 及以下者不应小于 3 m。用二氧化碳等有不导电灭火剂的灭火器灭火时，机体、喷嘴至带电体的最小距离，电压 10 kV 及以下者不应小于 0.4 m。

（3）对架空线路等空中设备进行灭火时，人体位置与带电体之间的仰角不应超过 45°。

第四节　雷击和静电防护技术★★★

一、雷电

（一）雷电概要

1. 雷电种类

1）直击雷

是指带电积云与地面建筑物等目标之间的强烈放电。大约 50% 的直击雷有重复放电

的性质。一次雷击的全部放电时间一般不超过 500 ms。

2）感应雷（闪电感应）

静电感应是由于带电积云接近地面，在架空线路导线或其他导电凸出物顶部感应出大量电荷引起的。电磁感应是由于雷电放电时，巨大的冲击雷电流在周围空间产生迅速变化的强磁场引起的。

3）球雷

球雷是雷电放电时形成的发光火球。球雷是一团处在特殊状态下的带电气体。其直径多为 20 cm 左右，其运动速度约为 2 m/s 或更高。直击雷和感应雷都能在架空线路或在空中金属管道上产生沿线路或管道的两个方向迅速传播的闪电冲击波（闪电电涌）。直击雷和感应雷都能在空间产生辐射电磁波。

2. 雷电参数

1）雷暴日

年平均雷暴日，单位为 d/a。雷暴日数越大，说明雷电活动越频繁。年平均雷暴日不超过 15 d/a 的地区为少雷区，超过 40 d/a 的为多雷区。

2）雷电流幅值

是指主放电时冲击电流的最大值。雷电流幅值可达数十千安至数百千安。

3）雷电流陡度

是指雷电流随时间上升的速度，可达 50 kA/μs。雷电流具有高频特征。

4）雷电冲击过电压

直击雷冲击过电压高，雷电的电流和陡度都很大、放电时间很短，从而表现出极强的冲击性。

3. 防雷建筑物分类

按其火灾和爆炸的危险性、人身伤亡的危险性、政治经济价值分为三类。

1）第一类防雷建筑物

包括制造、使用或储存火（炸）药及其制品，遇电火花会引起爆炸、爆轰，从而造成巨大破坏或人身伤亡的建筑物；具有 0 区、20 区爆炸危险场所的建筑物；具有 1 区、21 区爆炸危险场所，且因电火花引起爆炸会造成巨大破坏和人身伤亡的建筑物。

2）第二类防雷建筑物

包括国家级重点文物保护的建筑物；国家级的会堂，办公楼，档案馆，大型展览馆，大型机场航站楼，大型火车站，大型港口客运站，大型旅游建筑，国宾馆，大型城市的重要动力设施；国家级计算中心，国际通信枢纽；国家特级和甲级大型体育馆；制造、使用或储存火（炸）药及其制品，但电火花不易引起爆炸，或不致造成巨大破坏和人身伤亡的建筑物；具有 1 区、21 区爆炸危险场所，但电火花引起爆炸不会造成巨大破坏和人身伤亡的建筑物；具有 2 区、22 区爆炸危险场所的建筑物；有爆炸危险的露天气罐和油罐。

此外还包括预计雷击次数大于 0.05 次/a 的省、部级办公建筑物和其他重要或人员集中的公共建筑物以及火灾危险场所；预计雷击次数大于0.25次/a的住宅、办公楼等一般性民用建筑物或一般工业建筑物。

3）第三类防雷建筑物

包括省级重点文物保护的建筑物和省级档案馆；预计雷击次数大于或等于0.01次/a，小于或等于0.05次/a的省、部级办公建筑物和其他重要或人员集中的公共建筑物以及火灾危险场所；预计雷击次数大于或等于0.05次/a，小于或等于0.25次/a的住宅、办公楼等一般性民用建筑物或一般工业建筑物。

此外还包括年平均雷暴日15 d/a以上地区，高度15 m及15 m以上的烟囱、水塔等孤立高耸的建筑物；年平均雷暴日15 d/a及15 d/a以下地区，高度20 m及20 m以上的烟囱、水塔等孤立高耸的建筑物。

（二）防雷装置

包括外部防雷装置和内部防雷装置。外部防雷装置由接闪器（避雷针、避雷线、避雷网、避雷带）、引下线和接地装置组成；内部防雷装置主要指防雷等电位连接及防雷间距。

1. 接闪器

避雷针（接闪杆）、避雷线、避雷网和避雷带都可作为接闪器，建筑物的金属屋面可作为第一类工业建筑物以外其他各类建筑物的接闪器。

2. 引下线

满足力学强度、耐腐蚀和热稳定的要求。引下线截面锈蚀30%以上者应予以更换。

3. 防雷接地装置

在接地电阻满足要求的前提下，防雷接地装置可以和其他接地装置共用。接地电阻值视防雷种类和建筑物类别而定。独立避雷针的冲击接地电阻一般不应大于10 Ω；附设接闪器每一引下线的冲击接地电阻一般也不应大于10 Ω，第三类建筑物可放宽至30 Ω。防感应雷装置的工频接地电阻不应大于10 Ω。大防雷电冲击波的接地电阻，冲击接地电阻不应大于5～30 Ω。其中，阀型避雷器的接地电阻一般不应大于5 Ω。

4. 避雷器和电涌保护器

避雷器装设在被保护设施的引入端。正常时处在不通的状态；出现雷击过电压时，击穿放电，切断过电压，发挥保护作用；过电压终止后，迅速恢复不通状态，恢复正常工作。

避雷器主要用来保护电力设备和电力线路，也用作防止高电压侵入室内的安全措施。阀型避雷器类似一个阀门，对于雷电流，阀门打开，让雷电流泄入地下；对于工频电流，阀门关闭，迅速切断。

电涌保护器就是低压阀型避雷器。电涌保护器，无冲击波时表现为高阻抗；冲击到来时，急剧转变为低阻抗。

（三）防雷技术

1. 直击雷防护

需要直击雷防护的设施：第一类防雷建筑物、第二类防雷建筑物以及第三类防雷建筑

物；雷击后果比较严重的设施或堆料（如装卸油台、露天油罐、露天储气罐等）设施；3.5 kV及以上的高压架空电力线路、发电厂、变电站。

装设避雷针、避雷线、避雷网、避雷带是直击雷防护的主要措施。避雷针分独立避雷针和附设避雷针。

独立避雷针是离开建筑物单独装设的。接地装置应当单设。严禁在装有避雷针的构筑物上架设通信线、广播线或低压线。利用照明灯塔作独立避雷针支柱时，为了防止将雷电冲击电压引进室内，照明电源线必须采用铅皮电缆或穿入铁管，并将铅皮电缆或铁管埋入地下经10 m 以上（水平距离，埋深 0.5～0.8 m）才能引进室内。独立避雷针不应设在人经常通行的地方。

附设避雷针是装设在建筑物或构筑物屋面上的避雷针。如需多个附设避雷针或其他接闪器，应相互连接，并与建筑物或构筑物的金属结构连接起来；其接地装置可以与其他接地装置共用，宜沿建筑物或构筑物四周敷设；其接地装置的接地电阻不宜超过 1～2 Ω。露天装设的有爆炸危险的金属储罐和工艺装置，当其壁厚不小于 4 mm 时，允许不再装设接闪器，但必须接地；接地点不应少于两处，其间距离不应大于 30 m，冲击接地电阻不应大于 30 Ω。若金属储罐和工艺装置击穿后不对周围环境构成危险，则允许其壁厚不小于 2.5 mm 时不再装设接闪器。

2. 二次放电防护

为了防止二次放电，应保证接闪器、引下线、接地装置与邻近导体之间有足够的安全距离。在任何情况下，第一类防雷建筑物防止二次放电的最小距离不得小于 3 m，第二类防雷建筑物防止二次放电的最小距离不得小于 2 m。不能满足间距要求时应予跨接，即进行等电位连接。

3. 感应雷防护

电力系统及有爆炸和火灾危险的建筑物中应采取雷电感应防护措施。为了防止静电感应产生的高电压，应将建筑物内的金属设备、金属管道、金属构架、钢屋架、钢窗、电缆金属外皮以及凸出屋面的放散管、风管等金属物件与防雷电感应的接地装置相连。屋面结构钢筋宜绑扎或焊接成闭合回路。对于金属屋顶，应将屋顶妥善接地；对于钢筋混凝土屋顶，应将屋面钢筋焊成 5～12 m 的网格，连成通路并予以接地；对于非金属屋顶，宜在屋顶上加装边长 5～12 m 的金属网格，并予以接地。

为了防止电磁感应，平行敷设的管道、构架、电缆相距不到 100 mm 时，须用金属线跨接；跨接点之间的距离不应超过 30 m；交叉相距不到 100 mm 时，交叉处也应用金属线跨接。管道接头、弯头、阀门等连接处的过渡电阻大于 0.03 Ω时，连接处也应用金属线跨接。

4. 雷电冲击波防护

（1）全长直接埋地电缆供电者，入户处电缆金属外皮接地。

（2）架空线转电缆供电者，架空线与电缆连接处装设阀型避雷器，避雷器、电缆金属外皮、绝缘子铁脚、金具等一起接地。

（3）架空线供电者，入户处装设阀型避雷器或保护间隙，并与绝缘子铁脚、金具一起接地。

（4）室外天线的馈线临近避雷针或避雷针引下线时，馈线应穿金属管或采用屏蔽线，并将金属管或屏蔽接地。如馈线未穿金属管，又不是屏蔽线，则应在馈线上装设避雷器或放电间隙。

5. 电涌防护

电涌防护指对室内浪涌电压的防护。方法是在配电箱或开关箱内安装电涌保护器。

6. 电磁脉冲防护

将建筑物所有正常时不带电的导体进行充分的等电位连接，并予以接地。同时，在配电箱或开关箱内安装电涌保护器。

7. 人身防雷

雷暴时，进入有宽大金属构架或有防雷设施的建筑物、汽车或船只需进行人身防雷。

二、雷电静电防护技术

（一）静电的产生、影响与特点

静电的产生：两种物质紧密接触后再分离，同接触电位差和接触面上的双电层直接相关。

1. 静电的产生

产生原因有接触分离起电、感应起电。破断、挤压、吸附也能产生静电。

液体在流动、过滤、搅拌、喷雾、喷射、飞溅、冲刷、灌注、剧烈晃动等过程中会产生静电。

下列过程比较容易产生和积累静电：

（1）固体物质大面积的摩擦，固体物质在压力下接触而后分离，固体物质在挤出、过滤时与管道、过滤器摩擦，固体物质的粉碎、研磨。

（2）粉体物料筛分、过滤、输送、干燥，悬浮粉尘高速运动。

（3）在混合器中搅拌各种高电阻率物质。

（4）高电阻率液体在管道中高速流动，液体喷出管口，液体注入容器发生冲击、冲刷和飞溅。

（5）液化气体、压缩气体或高压蒸气在管道中高速流动和由管口喷出。

（6）穿化纤布料衣服、穿高绝缘鞋的人员操作、行走、起立等。

2. 静电的影响因素

1）材质和杂质的影响

电阻率高的材料容易产生和积累静电。生产中常见的乙烯、丙烷、丁烷、原油、汽油、轻油、苯、甲苯、二甲苯、硫酸、橡胶、赛璐珞、塑料等都比较容易产生和积累静电。

2）工艺设备和工艺参数的影响

接触面积越大，双电层正、负电荷越多，产生的静电越多。接触压力越大或摩擦越强烈，会增加电荷分离强度，产生较多静电。

3）环境条件的影响

湿度对静电泄漏的影响很大。随着湿度增加，加速静电泄漏。导电性材料接地在很多情况下能加强静电的泄放，减少静电的积累。

3. 静电的特点

1）静电电压高

固体静电可达 20 万伏以上，液体静电和粉体静电可达数万伏，气体、蒸气、人体静电可达一万多伏。

2）静电泄漏慢

两条途径：绝缘体表面，绝缘体内部。前者遇到的是表面电阻，后者遇到的是体积电阻。

3）多种放电形式

电晕放电可能伴有嘶嘶声和淡蓝色光。电晕放电的电流很小，能量密度不高，刷形放电是火花放电的一种。放电时伴有声光。刷形放电能引燃一些敏感度高的爆炸性混合物。当高电阻薄膜背面贴有金属导体时，能形成所谓传播型刷形放电。传播型刷形放电产生高密度的火花，引燃危险性较大。

火花放电是放电通道火花集中，即电极上有明显的放电集中点的火花放电。火花放电伴有短促的爆裂声和明亮的闪光。其引燃危险性大。云形放电的引燃危险性也很大。

（二）静电的危害与防治

1. 静电的危害

（1）爆炸和火灾，是最大的危害和危险。

（2）静电电击。静电电击不会使人致命。不能排除由静电电击导致严重后果的可能性。静电电击会造成二次事故。

（3）妨碍生产。

2. 静电防护措施

1）环境危险程度控制

采取取代易燃介质、降低爆炸性混合物的浓度、减少氧化剂含量等控制所在环境爆炸和火灾危险程度的措施。

2）工艺控制

从材料的选用、摩擦速度或流速的限制、静电松弛过程的增强、附加静电的消除等方面采取措施，限制和避免静电的产生和积累。可采用导电性工具；为了减轻火花放电和感应带电的危险，可采用阻值为 $10^7\sim10^9\ \Omega$ 的静电导电性工具。

烃类燃油在管道内流动时流速不能过快。

在液体灌装、循环或搅拌过程中不得进行取样、检测或测温操作。进行上述操作前，应使液体静置一定的时间，使静电得到足够的消散或松弛。为了避免液体在容器内喷射、溅射，应将注油管延伸至容器底部；而且，其方向应有利于减轻容器底部积水或沉淀物搅动；装油前清除罐底积水和污物，以减少附加静电。

3）接地

接地的主要作用是消除导体上的静电。金属导体应直接接地。为了防止火花放电，应将可能发生火花放电的间隙跨接连通起来，并予以接地，使其各部位与大地等电位。为了防止感应静电的危险，不仅产生静电的金属部分应当接地，而且与其不相连接但邻近的其他金属物体也应接地。

防静电接地电阻原则上不超过 1 MΩ，对于金属导体，要求接地电阻不超过 100～1 000 Ω。

4）增湿

为防止大量带电，相对湿度应在 50%以上；为了提高降低静电的效果，相对湿度应提高到 65%～70%；对于吸湿性很强的聚合材料，为了保证降低静电的效果，相对湿度应提高到 80%～90%。增湿的方法不宜用于消除高温绝缘体上的静电。

第五节 电气装置安全技术★★★

一、低压电气设备

包括电动机等各种用电设备及其控制电器。

（一）电气设备环境条件和外壳防护等级

1. 电气设备环境条件

空气中介质的状态及其他环境参数会影响触电的危险性。应根据环境特征选用相应防护型式的用电设备。

2. 电气设备外壳防护等级

电机和低压电器的外壳防护包括两种防护。第一种防护是对固体异物进入内部以及对人体触及内部带电部分或运动部分的防护；第二种防护是对水进入内部的防护。第一种防护分为 7 级，第二种防护分为 9 级。

（二）电动机

1. 电动机的危险因素

（1）电动机漏电，导致金属外壳及相连接的底座、传动装置、金属管线带电。

（2）电动机接线错误，导致外壳带电，电动机未连接保护线，导致外壳带故障电压、传导电压或感应电压。

（3）直流电动机和绕线型异步电动机滑环处的火花，各种绝缘击穿时产生的电火花，

各种异常状态下产生的危险温度构成点火源。

（4）电动机故障停车，影响系统正常运行，排放有毒气体、可燃气体、烟尘的风机电动机故障停车将带来严重的次生灾难。

（5）电动机突然启动或转速失控，可能造成严重的机械伤害。

2. 电动机安全运行条件

（1）电动机选型正确，规格与使用条件相符。接法正确，安装良好，控制电器及传动机构完好，空载试运行时转向、转速、声音、振动、电流正常。

（2）电动机的电压、电流、温升等运行参数应符合要求。

（3）电动机绝缘良好。

（4）电动机保护完善：用熔断器保护时，熔体额定电流应取异步电动机额定电流 1.5 倍（减压启动或轻载启动）或 2.5 倍（全压启动或重载启动）；用热继电器保护时，热元件的电流不应大于电动机额定电流的 1～1.5 倍。电动机的外壳应根据配电网的运行方式可靠接零或接地。

（5）电动机应保持主体完整、零附件齐全、无损坏，并保持清洁。

（6）定期维修，有维修记录。

（三）手持电动工具和移动式电气设备

手持电动工具包括手电钻、手砂轮、冲击电钻、电锤、手电锯等工具。

移动式设备包括蛙夯、振捣器、水磨石磨平机等电气设备。

1. 电气设备触电防护分类

0 类、0 Ⅰ类和Ⅰ类、Ⅱ类、Ⅲ类。

（1）0 类设备：仅依靠基本绝缘来防止触电。0 类设备外壳上和内部的不带电导体上都没有接地端子。0 类设备可以有Ⅱ类结构或Ⅰ类结构的部件。

（2）0 Ⅰ类：依靠基本绝缘来防止触电的，也可以有Ⅱ类结构或Ⅰ类结构的部件。金属外壳上装有接地（零）的端子，不提供带有保护芯线的电源线。

（3）Ⅰ类：除依靠基本绝缘外，还有一个附加的安全措施。Ⅰ类设备外壳上没有接地端子，但内部有接地端子。Ⅰ类设备带有全部或部分金属外壳，所用电源开关为全极开关。Ⅰ类设备也可以有Ⅰ类结构或Ⅰ类结构的部件。

（4）Ⅱ类：具有双重绝缘和加强绝缘的结构。Ⅱ类设备可以有Ⅰ类结构的部件。

（5）Ⅲ类：依靠安全特低电压供电以防止触电。不得产生高出安全特低电压的电压。手持电动工具没有 0 类和 0 Ⅰ类产品，绝大多数都是Ⅱ类设备。移动式电气设备大部分是Ⅰ类产品。

2. 手持电动工具和移动式电气设备的危险性

手持电动工具和移动式电气设备是触电事故较多的用电设备。

3. 手持电动工具和移动式电气设备的安全使用

（1）Ⅲ类、Ⅱ类设备没有保护接地或保护接零的要求，Ⅰ类设备必须采取保护接地或保护接零措施。

（2）在有爆炸和火灾危险的环境中，除中性线外，应另设保护零线。

（3）单相设备的相线和中性线上都应该装有熔断器，并装有双极开关。

（4）移动式电气设备的保护线不应单独敷设，应当采用带有保护芯线的橡皮套软线作为电源线。

（5）移动式电气设备的电源插座和插销应有专用的保护线插孔和插头。

（6）一般场所，手持电动工具应采用Ⅱ类设备。在潮湿或金属构架上等导电性能良好的作业场所，必须使用Ⅱ类或Ⅲ类设备。在锅炉内、金属容器内、管道内等狭窄的特别危险场所，应使用Ⅲ类设备；如果使用Ⅱ类设备，则必须装设额定漏电动作电流不大于15 mA、动作时间不大于0.1 s的漏电保护装置；而且，Ⅲ类设备的安全隔离变压器、Ⅱ类设备的漏电保护装置以及Ⅱ、Ⅲ类设备的控制箱和电源连接器件等必须放在外部。

（7）在接地配电网中，可以装设一台隔离变压器，并由该隔离变压器给设备供电。

（四）电气照明安全基本要求

（1）一般照明的电源采用220 V电压。在特别潮湿场所、高温场所、有导电灰尘的场所或有导电地面的场所，对于容易触及而又无防触电措施的固定式灯具，其安装高度不足2.2 m时，应采用24 V安全电压。

（2）照明配线应采用额定电压500 V的绝缘导线。凡重要的政治活动场所、易燃易爆场所、重要的仓库均应采用金属管配线。凡重要的政治活动场所、重要的控制回路和二次回路、移动的导线和剧烈振动处的导线、特别潮湿场所和严重腐蚀场所均应采用铜导线。卤钨灯及单灯功率超100 W的白炽灯，灯具引入线应选用105～250 ℃耐热绝缘电线。

（3）建筑物照明电源线路的进户处，应装设带有保护装置的总开关。配电箱内单相照明线路的开关必须采用双极开关，照明器具的单极开关必须装在相线上。

（4）应急照明的电源，应区别于正常照明的电源，应急照明线路必须有自己的供电线路。

（5）白炽灯的功率不应超过1 000 W。

（6）照明装置由灯具、灯座、线路和开关等设备组成。

（7）应当根据环境条件选用适当防护型式的照明装置。爆炸危险环境应选用防爆型灯具。在有腐蚀性气体或蒸气或特别潮湿的环境应选用防水型灯具。户外也应选用防水型灯具。

（8）库房内不应装设碘钨灯、卤钨灯、60 W以上的白炽灯等高温灯具。

（五）低压电器

低压电器可分为控制电器和保护电器。控制电器主要用来接通、断开线路和用来控制电气设备。刀开关、低压断路器、减压启动器、电磁启动器属于低压控制电器。

保护电器主要用来获取、转换和传递信号，并通过其他电器对电路实现控制。熔断器、热继电器属于低压保护电器。

1. 低压电器的通用安全要求

（1）电压、电流、断流容量、操作频率、温升等运行参数符合要求。

（2）结构型式与使用的环境条件相适应。

（3）安装牢固、连接紧密、机构灵活、操作方便。为防止自行合闸，电源线应接在固定触头上。

（4）灭弧装置（包括灭弧罩、灭弧触头、灭弧用绝缘板）完好。

（5）触头接触表面光洁，接触紧密，并有足够的接触压力，各极触头应当同时动作。

（6）防护完善，门（或盖）上的联锁装置可靠，外壳、手柄、涂层无变形和损伤。

（7）正常时不带电的金属部分接地（或接零）良好。

（8）绝缘电阻符合要求。

2. 低压保护电器的特点和性能

1）热继电器

热继电器的核心元件是热元件，利用电流的热效应实施保护作用。当热元件温度达到设定值时迅速动作，并通过控制触头断开主电路。有些热继电器在一次电路缺相时也能动作，起缺相保护作用。热继电器和热脱扣器的热容量较大，动作延时也较大，只宜用于过载保护，不能用于短路保护。

2）熔断器

熔断器是将易熔元件串联在线路上，遇到短路电流时迅速熔断来实施保护的保护电器。低熔点易熔元件由锑铅合金、锡铅合金、锌等材料制成；高熔点易熔元件由铜、银、铝制成。易熔元件刚刚不会熔断的电流称为临界电流。易熔元件的临界电流大于其额定电流，临界电流多为额定电流的 1.3～1.5 倍。由于易熔元件的热容最小，动作很快，熔断器可用作短路保护元件，熔断器不可用作过载保护元件。

3. 低压配电箱和配电柜安全要求

（1）箱柜用不可燃材料制作。

（2）除触电危险性小的生产场所和办公室外，不得采用开启式的配电板。

（3）触电危险性大或作业环境较差的场所，如铸造车间、锻造车间、热处理车间、锅炉房、木工房等，应安装封闭式箱柜。

（4）有导电性粉尘或产生易燃易爆气体的危险作业场所，必须安装密闭式或防爆型箱柜。

（5）箱柜里各电气元件、仪表、开关和线路应排列整齐、安装牢固、操作方便，箱柜内应无积尘、积水和杂物。

（6）落地安装的箱柜底面应高出地面 50～100 mm，操作手柄中心高度一般为 1.2～1.5 m，箱柜前方 0.8～1.2 m 的范围内无障碍物。

（7）箱柜安装稳固，保护线连接可靠。

（8）箱柜外不得有裸带电体外露，装设在箱柜外表面或配电板上的电气元件必须有可靠的屏护。

（9）箱柜内各电气元件及线路应连接可靠、接触良好，不得有严重发热、烧损迹象。

（10）箱柜的门应完好，门锁应有专人保管。

二、高压电气设备

高压电气设备主要集中在变、配电站。变、配电站装有电力变压器，高、低压开关电器，电力电容器，高、低压母线，仪用互感器、测量仪表、继电保护装置等多种高、低压电气设备。

（一）变、配电站安全要求

变、配电站由高压配电室、低压配电室、变压器室等组成。变、配电站安全要求包括建筑设计、设备安装、运行管理等方面的要求。

1. 变、配电站位置

从安全角度考虑，变、配电站应避开易燃易爆场所，应设在企业的上风侧，并不得设在容易沉积粉尘和纤维的场所，不应设在人员密集的场所。变、配电站的选址和建筑还应考虑到灭火、防蚀、防污、防水、防雨、防雪、防振以及防止小动物钻入的要求。

2. 建筑结构

高压配电室和高压电容器室耐火等级不应低于二级，低压配电室耐火等级不应低于三级。油浸电力变压器室应为一级耐火建筑。

变、配电站各间隔的门应向外开启，门的两面都有配电装置时，门应能向两个方向开启。长度超过 7 m 的高压配电室和长度超过 10 m 的低压配电室至少应有两个门。长度大于 8 m 的配电装置室应设两个出口，并宜布置在配电室的两端。若两个出口之间的距离超过 60 m，还应增加出口。

蓄电池室应隔离安装。有充油设备的房间与爆炸危险环境或有腐蚀性气体存在的环境毗邻时，墙上、天花板上以及地板上的孔洞应予封堵。

屋内单台电气设备总油量在 100 kg 以上时，应设置贮油设施或挡油设施。当事故油无法排至安全处时，应设能容纳 100%油量的贮油设施。

屋外单台电气设备的油量在 1 000 kg 以上时，应设置贮油或挡油设施。

3. 通风

蓄电池室有可燃气体产生，必须有良好的通风；变压器室、电容器室等有较多热量排放，必须有良好的通风。进风口宜在下方，出风口宜在上方。但装有六氟化硫装置的房间，排风系统的出风口应在下方。

4. 联锁装置

具体如油断路器与隔离开关操动机构之间的联锁装置，电力电容器的开关与其放电负荷之间的联锁装置，禁区门上的联锁装置等。

5. 防护

应有防止雨、雪和小动物从采光窗、通风窗、门、电缆沟等进入屋内的措施。通向站

外的孔洞、沟道应予封堵。

6. 保护

10 kV 变、配电站应装有电流速断保护、过电流保护、熔断器保护和防雷保护，10 kV 不接地系统应装有绝缘监视，10 kV 接地系统应装有零序电流保护。油浸式变压器应装有气体保护，干式变压器应装有温控保护等。

7. 安全用具和消防器材

变、配电站应备有绝缘杆、绝缘夹钳、绝缘靴、绝缘手套、绝缘垫等各种安全用具。变配电站应配备可用于带电灭火的灭火器材。

（二）变压器

1. 变压器类型和特点

变压器的电磁元件是铁芯和绕组。油浸式变压器的铁芯、绕组浸没在绝缘油里。油的主要作用是绝缘、散热和减缓油箱内元件的氧化。变压器油的闪点在 135～160 ℃之间，属于可燃液体，变压器内的固体绝缘衬垫、纸板、棉纱、布、木材等都属于可燃物质。因此，油浸式变压器不但火灾危险性较大，而且还有爆炸危险。干式变压器没有油箱和变压器油，在很大程度上排除了火灾、爆炸隐患。

2. 变压器运行

（1）高压边电压偏差不得超过额定值的±5%，Y，yn0 接法者低压中性线最大电流不得超过额定电流的 25%：△，ynl 接法者低压中性线最大电流不得超过额定电流的 75%。

（2）温度和温升不得超过规定值，接线端子不应过热。油浸式电力变压器的绝缘材料的最高工作温度不得超过 105 ℃；油箱上层油温最高不得超过 95 ℃，但为了减缓变压器油变质，上层油温最高一般不应超过 85 ℃。

（3）变压器器身、套管等保持清洁。

（4）外壳和低压中性点接地应保持完好。

（5）声音不得太大或不均匀。

（6）干式变压器所在环境的相对湿度不超过 70%～85%。

（7）室外变压器基础不得下沉，电杆应牢固，不得倾斜。

（三）高压开关

1. 高压开关安全要点

高压断路器必须与高压隔离开关或隔离插头串联使用，由断路器接通和分断电流，由隔离开关或隔离插头隔断电高压负荷开关必须串联有高压熔断器。由熔断器切断短路电流，负荷开关只用来操作负荷电流。正常情况下，跌开式熔断器只用来操作空载线路或空载变压器。隔离开关不具备操作负荷电流的能力。切断电路时必须先拉开断路器，后拉开隔离开关；接通电路时必须先合上隔离开关，后合上断路器。如果断路器两侧都有隔离开关，分断电路时拉开断路器后，应先拉开负荷侧隔离开关，后拉开电源侧隔离开关，接通电路时顺序相反。

为确保断路器与隔离开关之间的正确操作顺序，除严格执行操作制度外，10 kV 系统中常安装机械式或电磁式联锁装置。跌开式熔断器正确的操作顺序是拉闸时先拉开中相，再拉开下风侧边相，最后拉开上风侧边相；合闸时先合上上风侧边相，再合上下风侧边相，最后合上中相。

2. 高压开关柜

高压开关柜应具备“五防”功能：

（1）保证只有断路器处在断开位 Y 时才能操作隔离开关，防止带负荷操作隔离开关。

（2）防止未拆除临时接地线之前或未拉开接地隔离开关之前合闸送电。

（3）防止未断开电源前挂临时接地线或合上接地隔离开关。

（4）防止断路器在合闸状态移动手车，防止断路器未处在工作位 Y 或试验位置误合闸。

（5）保证断路器、隔离开关未断开前，开关柜的门不能打开，防止工作人员误入带电间隔。

以上功能都是由高压开关柜的联锁装置保证的。

联锁装置是用强制性的技术方法防止错误操作的自动化装置。联锁装置可分为机械式联锁装置和电磁式联锁装置。

三、电气线路

分为电力线路和控制线路，前者用来输送电能，后者用来输送信号。

（一）电力线路类型和特点

1. 架空线路

主要由导线、杆塔、横担、绝缘子、金具、基础及拉线组成。架空线路的导线多采用钢芯铝绞线、硬铜绞线、硬铝绞线和铝合金绞线。由于铝导线易受碱性和酸性物质的侵蚀，腐蚀性强烈的环境应采用铜导线。厂区、居民区内的低压架空线路应采用绝缘导线。单股铝线或单股铝合金线不得架空敷设。

2. 电缆线路

主要由电力电缆、终端接头、中间接头及支撑件组成。电力电缆主要由导电芯线、绝缘层和保护层组成。芯线分铜芯和铝芯两种。

3. 室内配线

有金属管配线、硬塑料管配线、金属槽配线、塑料槽配线、护套线直敷配线、瓷绝缘配线。

（二）电力线路安全条件

1. 导电能力

应满足发热、电压损失和短路电流等三方面的要求。

1）发热条件

橡皮绝缘线最高运行温度为 65 ℃，塑料绝缘线为 70 ℃，裸线为 70 ℃，铅包或铝包电缆为 80 ℃，塑料电缆为 65 ℃。

2）电压损失条件

线路导线太细将导致其阻抗过大，受电端得不到足够的电压。

2. 绝缘和间距

运行中低压电力线路的绝缘电阻一般不得低于每伏工作电压 1 000 Ω，新安装和大修后的低压电力线路一般不得低于 0.5 MΩ。

3. 导线连接

导线连接必须紧密。导线连接处的力学强度不得低于原导线力学强度的 80%。绝缘强度不得低于原导线的绝缘强度，接头部位电阻不得大于原导线电阻的 1.2 倍。铜导线与铝导线之间的连接应尽量采用铜–铝过渡接头，特别是在潮湿环境，或在户外，或遇大截面导线，必须采用铜–铝过渡接头。

四、电气安全检测仪器

（一）绝缘电阻测量仪

（1）绝缘电阻是电设备最基本的性能指标。绝缘电阻是兆欧级的电阻，要求在较高的电压下进行测量。现场应用兆欧表测量绝缘电阻。10 MΩ表有指针式兆欧表（俗称摇表）和数字式兆欧表。

（2）使用指针式兆欧表摇把的转速应由慢至快，转速应稳定，不要时快时慢。一般在转速 120 r/min 左右时持续摇动 1 min，待指针稳定后读数。记录完毕后应将转速由快至慢，逐渐停止下来。

（3）使用指针式兆欧表测量过程中，如果指针指向“0”位，表明被测绝缘已经失效。应立即停止转动摇把，防止烧坏兆欧表。

（4）对于有较大电容的线路和设备，测量终了也应进行放电。

（5）测量应尽可能在设备刚停止运转时进行，以使测量结果符合运转时的实际温度。

（二）接地电阻测量仪

1. 接地电阻测量仪概要

接地电阻测量仪是用于测量接地电阻的仪器，有机械式测量仪和数字式测量仪。指针式接地电阻测量仪俗称接地摇表。

2. 接地电阻测量仪使用

（1）正确选定测量电极的位置。

（2）尽可能将被测接地体与电力网分开。

（3）测量电极间的连线应避免与邻近的高压架空线路平行，以防止感应电压的危险。

（4）雷雨天气不得测量防雷接地装置的接地电阻。

第三章　特种设备安全技术

第一节　特种设备的基础知识★★★

一、特种设备的基本概念★★★

（1）承压类特种设备：锅炉（含气瓶）、压力容器、压力管道。

（2）机电类特种设备：电梯、起重机械、客运索道、大型游乐设施、场（厂）内专用机动车辆。

二、锅炉基础知识

锅炉是指将燃料的化学能转化为热能，又将热能传递给水、汽、导热油等工质，从而产生蒸汽、热气或通过工质输出热量的设备。

（1）设备组成：是由“锅”和“炉”以及相配套的附件、自控装置、附属设备组成。

（2）工作特性：爆炸危害性、易于损坏性、使用的广泛性、连续运行性。

（3）锅炉的分类：见表 3-1。

表 3-1　锅炉的分类

按用途	电站锅炉、工业锅炉
按蒸汽压力	超临界压力锅炉：出口蒸汽压力超过水蒸气的临界压力（22.1 MPa） 亚临界压力锅炉：出口蒸汽压力低于但接近临界压力（15.7～19.6 MPa） 超高压锅炉：出口蒸汽压力一般为 11.8～14.7 MPa 高压锅炉：出口蒸汽压力一般为 7.84～10.8 MPa 中压锅炉：出口蒸汽压力一般为 2.45～4.90 MPa 低压锅炉：出口蒸汽压力一般不大于 2.45 MPa
按蒸发量	大型锅炉：蒸发量大于 75 t/h 中型锅炉：蒸发量为 20～75 t/h 小型锅炉：蒸发量小于 20 t/h
按载热介质	蒸汽锅炉、热水锅炉、有机热载体锅炉
按热能来源	燃煤锅炉、燃油锅炉、燃气锅炉、废热锅炉、电热锅炉
按锅炉结构	锅壳锅炉、水管锅炉

三、压力容器基础知识

（1）结构特点：由筒体、封头、法兰、密封元件、开孔与接管、附件和支座等组成。

（2）压力：最高工作压力、设计压力。

（3）温度：工作温度（介质温度）、金属温度、设计温度。

（4）介质：易燃介质、毒性介质、腐蚀性介质。

四、压力管道基础知识

（一）压力管道组成

压力管道是由管子、管件、阀门、补偿器等压力管道元件以及安全保护装置（安全附件）、附属设施等组成。管道组成件是承受介质压力的部件。

（二）压力管道工作原理及工作特性

1. 安全保护装置

包括紧急切断装置（紧急切断阀等）、安全泄压装置（安全阀、爆破片等）、测漏装置、测温测压装置（温度计、压力表等）、静电接地装置、阻火器、液位计和泄漏气体安全报警装置。附属设施指阴极保护装置、压气站、泵站、阀站、调压站、监控系统等。

2. 压力管道工艺参数

（1）设计压力。

（2）操作压力。

（3）设计温度。

（4）管输介质温度。

（5）介质。流体介质，包括气体、液化气体、蒸汽，或者可燃、易爆、有毒、有腐蚀性、最高工作温度高于或者等于标准沸点的液体。

（6）公称直径（DN）。由字母 DN 和整数数字组合的尺寸标志，代表管道组成件的规格。公称是一种数字标记，作为管道直径的标称，不是一种精确度量。

（7）公称压力（PN）。由字母 PN 和整数数字组合的压力标志，代表管道组成件的压力等级。

（8）设计壁厚。

（三）压力管道分类

1. 按主体材料划分

可分为金属管道和非金属管道。

2. 按敷设位置划分

可分为架空管道、埋地管道、地沟敷设管道。

3. 按介质压力划分

可分为超高压管道（＞42 MPa）、高压管道（10～42 MPa）、中压管道（1.6～10 MPa）、

低压管道（<1.6 MPa）。

4. 按介质温度划分

一般可分为高温管道（>200 ℃）、常温管道（–29～200 ℃）、低温管道（<–29 ℃）。

5. 按管道用途划分

可分为长输油气管道、城镇燃气管道、热力管道、工业管道、动力管道、制冷管道。

6. 安全监督管理分类

可分为长输管道（GA 类）、公用管道（GB 类）、工业管道（GC 类）。

五、起重机械基本知识

指用于垂直升降或者垂直升降并水平移动重物的机电设备。

1. 工作特点

结构复杂、载荷变化、活动空间大、与人员接触、作业环境复杂、多人操作。

2. 安全正常工作的条件

金属结构和机械零部件应具有足够的强度、刚性和抗屈曲能力，整机必须具有必要的抗倾覆稳定性，原动机具有满足作业性能要求的功率，制动装置提供必需的制动力矩。起重机械分类见表 3-2。

表 3-2 起重机械分类

<table>
<tr><td>轻小型起重机械</td><td colspan="2">一般只有一个升降机构，常见的有千斤顶、电动或手拉葫芦、绞车、滑车等</td></tr>
<tr><td>升降机</td><td colspan="2">常见的有垂直升降机、电梯等</td></tr>
<tr><td rowspan="2">起重机</td><td>桥架类型</td><td>桥式起重机
门式起重机
绳索起重机</td></tr>
<tr><td>臂架类型</td><td>流动式起重机
塔式起重机
门座式起重机</td></tr>
</table>

六、场（厂）内专用机动车辆基础知识

场（厂）内专用机动车辆：利用动力装置驱动或牵引的，在特定区域内作业和行驶、最大行驶速度（设计值）超过 5 km/h，或者具有起升、回转、翻转、搬运等功能的专用作业车辆。

1. 工作特点

技术难度大、作业过程复杂而危险、在较大范围内运行、与人直接接触、作业环境复杂、产品使用成套性、具有多种可换工作装置、对行驶路面和作业环境有要求、载客人数

越多安全性要求越高。

2. 正常工作的条件

车辆各种能力和产品标识符合要求，满载纵向稳定性、空载横向稳定性符合要求，动力输送能力、工作装置的控制和标识符合要求，车辆各种安全保护装置完好齐全，操作人员能正确操作和维护车辆。

3. 场（厂）内专用机动车辆分类

（1）按动力特点：内燃车辆、电动车辆、内燃电动车辆。

（2）按功能、结构特征：汽车、轨道式搬运车辆、工程建筑机械。

七、客运索道基础知识

客运索道包括客运架空索道、客运缆车、客运拖牵索道等。

八、游乐设施基础知识

1. 游乐设施

游乐设施范围设计最大运行线速度大于或等于 2 m/s，或者运行高度距地面大于或等于 2 m。

2. 游乐设施工作特点

其特点有：机构复杂，运动方式多样；载荷变化范围较大；速度、加速度较大，运动方向变化急剧；游乐设施暴露的、活动的零部件较多，有可能与游客直接按触，存在许多偶发的危险因素；使用环境复杂，使用对象复杂。游乐设施是游客直接在其上进行娱乐的设备，安全装置可靠性要求高。

第二节　特种设备事故的类型★★★

一、锅炉事故

造成锅炉事故的主要原因有超压运行、超温运行、锅炉水位过低或过高、水质管理不善、水循环被破坏、误操作、错误的检修方法以及没有定期检查。

锅炉发生重大事故时，要采取停止供给燃料和送风，减弱引风；熄灭和清除炉膛内的燃料，注意不能用向炉膛内浇水的方式灭火，而用黄沙或湿煤灰将红火压灭；打开炉门、灰门、烟风道闸门等，冷却炉子；切断锅炉同蒸汽总管的联系，打开锅筒上放空排放或安全阀以及过热器出口集箱和疏水阀；向锅炉内进水，放水，以加速锅炉冷却；但发生严重缺水事故时，切勿向锅炉内进水。锅炉爆炸事故类型见表 3-3。

表 3-3　锅炉爆炸事故类型

事故类型	特点、原因与应对措施
锅炉爆炸事故	包括水蒸气爆炸、超压爆炸、缺陷导致爆炸、严重缺水导致爆炸 主要措施是加强运行管理
缺水事故	后果严重，可能导致爆炸（水位表看不到水位，发亮） 运行人员疏忽，水位表故障，给水设备、管路故障，忘关排污阀等造成 “叫水”判断缺水程度，轻微缺水时可立即向锅炉上水，严重缺水时紧急停炉检查
满水事故	满水会降低蒸汽品质，损害以致破坏过热器（水位表看不到水位，发暗） 应先冲洗水位表并检查，立即关闭给水阀，减弱燃烧，开启排污阀和疏水阀，待水位恢复正常后关闭，查清事故原因并予以消除
汽水共腾	水位计显示水位紊乱 降低蒸汽品质，损坏过热器或影响用汽设备的安全运行 锅炉水品质太差、负荷增加和压力降低过快造成 减弱燃烧力度，关小主汽阀；加强疏水，全开连续排污阀并上水
锅炉爆管	包括水冷壁、对流管束管子爆破及烟管爆破 水质不良、水循环故障、严重缺水、管路故障等引起 通常必须紧急停炉修理
省煤器损坏	会造成锅炉缺水而被迫停炉 烟速过高或烟气含灰量过大、水品质差等引起 如能经直接上水管给锅炉上水并使烟气经旁通烟道流出则可不必修理，否则应停炉修理
过热器损坏	使蒸汽流量下降，压力下降，烟气温度降低 锅炉满水、超温、启动停炉不善等引起 通常需要停炉修理
水击事故	常常造成管道、法兰、阀门等的损坏 阀门启闭不可频繁，且应缓慢；控制水温；暖管之前疏水可预防 发生水击时应采取措施消除并检查
炉膛爆炸事故	炉膛爆炸（外爆）要同时具备 3 个条件，常发生于燃油、燃气、燃煤粉的锅炉 应装设可靠的炉膛安全保护装置
尾部烟道二次燃烧	主要发生在燃油锅炉上，常将空气预热器、省煤器破坏，易在停炉之后不久发生 提高燃烧效率，减少锅炉启停次数；加强尾部受热面吹灰；保证密封良好，在燃油锅炉尾部烟道装设灭火装置
锅炉结渣	对锅炉的经济性、安全性都有不利影响 煤的灰渣熔点低，燃烧设备设计不合理，运行操作不当引起 设计上改善，运行上避免超负荷运行，控制送煤量，发现锅炉结渣及时清除

二、压力容器事故

压力容器事故的特点：发生爆炸、撕裂事故；破坏程度大；后果严重。主要原因包括设计制造、安装、改造、修理、运行管理不善。

采取的应急措施包括：切断阀门，喷淋降温，堵漏，防爆炸。压力容器事故的预防应该从设计、制造、修理、安装、改造、使用、检验上加强安全管理。典型压力容器事故及预防见表 3-4。

表 3-4 典型压力容器事故及预防

爆炸事故	分为物理爆炸和化学爆炸，化学爆炸更严重 （1）冲击波：造成人员伤亡和建筑破坏 （2）爆破碎片：损坏设备和管道，引起连续爆炸或火灾 （3）介质伤害：有毒介质的毒害和高温蒸汽的烫伤 （4）二次爆炸：可燃液化气容器爆炸 （5）快开门事故
泄漏	元件开裂、穿孔、密封失效等造成介质泄漏 （1）有毒介质：造成大面积毒害、人员中毒、生态破坏 （2）爆炸及燃烧：造成严重后果 （3）高温灼烫伤：灼烫伤害现场人员

三、压力管道事故

（一）压力管道事故特点

（1）泄漏。

（2）爆炸、撕裂。

（3）爆炸所产生的碎片、冲击波，破坏力与杀伤力极大。

（4）中毒、引起重大火灾和二次爆炸事故。

（5）高压输气管道断裂造成的危害。

（二）压力管道事故发生原因

（1）随时间逐渐发展的缺陷导致的原因：腐蚀减薄、冲刷磨损、开裂、变形。

（2）设计制造原因。

（3）安装质量原因。

（4）与时间无关，具有一定随机性的原因。

（5）长输管道事故的特殊原因。

① 自然条件恶劣地区，自然地质灾害严重的区域。

② 第三方破坏。

③ 埋地长输管道防腐层或阴极保护破坏。

（三）压力管道事故应急措施

1. 应采取紧急措施的情况

（1）介质压力、温度超过材料允许的使用范围且采取措施后仍不见效。

（2）管道及管件发生裂纹、鼓包、变形、泄漏或异常振动、声响等。

（3）安全保护装置失效。

（4）发生火灾等事故且直接威胁正常安全运行。

（5）管道的阀门及监控装置失灵，危及安全运行。

2. 管道泄漏的紧急处理

迅速关断管道上的阀门，条件允许的情况下可以带压堵漏。不能采取带压堵漏的情况包括：

（1）毒性极大。

（2）受压元件因裂纹而产生泄漏。

（3）腐蚀、冲刷壁厚状况不清。

（4）由于介质泄漏使螺栓承受高于设计使用温度的管道。

（5）泄漏特别严重、压力高、介质易燃易爆或有腐蚀性的管道。

（6）现场安全措施不符合要求的管道。

（四）典型压力管道事故及预防

（1）管道焊接缺陷造成破坏。

（2）管系振动破坏。

（3）波击破坏。

（4）疲劳破坏。

（5）蠕变破坏。

（6）地质灾害造成长输油气管道破坏。

（7）管道第三方破坏。

（8）长输管道腐蚀破坏。

四、起重机械事故

起重机械事故的特点是事故大型化、群体化、事故类型多、伤亡严重、司索工被伤害的比例最高、起重作业中发生的事故最多，以及有重物坠落。造成起重机械事故发生的主要因素包括人的因素、设备因素和环境因素，事故的主要原因有重物坠落、起重机失稳倾翻、金属结构的破坏、挤压、高处跌落、触电和其他伤害。

起重机械事故的应急措施：起重机械发生倾翻事故时，通知施救，防止再次发生；发生火灾事故时，切断电源，灭火时防止二氧化碳中毒；发生触电事故时，切断电源，现场救护，预防电气引发火灾；发生高处坠落事故时，防止再次发生；发生机械故障时，通知维保单位，由专业人员依照规定步骤释放货物。典型起重机械事故见表 3-5。

表 3-5　典型起重机械事故

事故类型	常见种类	原　因
重物失落事故	脱绳事故	捆绑不当；重心选择不当；遭碰撞冲击
	脱钩事故	缺少护钩装置；护钩装置失效；吊装方法不当
	断绳事故	超载起吊；起升限位开关失灵；斜吊、斜拉；达到报废标准仍使用；吊装绳夹角太大；品种规格选择不当；绳与重物间无垫片保护
	吊钩断裂事故	材质缺陷；长期磨损；达到报废标准仍使用

续表

事故类型	常见种类	原　因
挤伤事故	吊具或吊载与地面物体间的挤伤事故	指挥失误或误操作；吊装不合理使吊载剧烈摆动
	升降设备的挤伤事故	不遵守操作规程
	机体与建筑物间的挤伤事故	多发生在高空从事桥式起重机维护检修人员中
	机体回转挤伤事故	多发生在野外作业的汽车、轮胎和履带起重机作业中
	翻转作业中的挤伤事故	吊装方法不合理；装卡不牢；吊具选择不当；指挥及操作人员站位不好
坠落	从机体上滑落摔伤	人员不戴安全带，脚下滑动、被障碍物绊倒或起重机突然起动
	机体撞击坠落	缺乏严格现场安全监督
	轿箱坠落摔伤	起升钢丝绳破断；钢丝绳固定端脱落
	维修工具零部件坠落砸伤事故	多在检修作业时发生
	振动坠落事故	个别零部件安装连接不牢等引起
	制动下滑坠落	起升机构的制动器性能失效
触电	室内作业的触电	人员缺乏安全操作知识，未采取保护措施；起重机电气系统周围相应环境缺乏必要的触电安全保护
	室外作业的触电	作业现场有裸露高压输电线；现场安全指挥监督混乱
	触电安全防护措施：保证安全电压，必须在 50 V 以下，常采用低压操作电压为 36 V 或 42 V；保证绝缘的可靠性；加强屏护保护；严格保证配电最小安全净距；保证接地与接零的可靠性；加强漏电触电保护	
机体毁坏事故	断臂事故	悬臂设计不合理，制造装配有缺陷，长期使用有疲劳损坏隐患；超载起吊
	倾翻事故	起重机作业前支承不当；起重量限制器、起重力矩限制器失灵；超载起吊
	机体摔伤事故	缺少安全设施或安全设施失效
	相互撞毁事故	无缓冲碰撞保护措施或保护设施失效
起重机械事故的预防措施：加强对起重机械的管理；加强对操作人员的教育和培训，严格执行安全操作规程，提高操作技术能力和处理紧急情况的能力；起重机械操作过程中要坚持“十不吊”原则		

五、场（厂）内专用机动车辆事故

事故的主要原因：车辆安全技术状况不良；驾驶员安全技术素质不高；场（厂）内作业环境复杂；管理不到位。预防措施：加强管理，进行人员培训，遵守安全操作规程，加强厂区交通管理。

场（厂）内专用机动车辆事故分类：按车辆事故的事态可分为碰撞、碾轧、刮擦、翻车、坠车、爆炸、失火、出轨和搬运、装卸中的坠落及物体打击；按厂区道路可分为交叉路口、弯道、直行、坡道、铁路道口、狭窄路面、仓库、车间等行车事故；按伤害程度可分为车损事故、轻伤事故、重伤事故、死亡事故。

场（厂）内专用机动车辆事故应急处置：驾驶员应努力减少事故损失，迅速停车，抢救伤者，迅速报告；抢救受损物资，防止事故扩大化；保护事故现场，进行事故现场勘察，寻找证人，看护肇事者。

典型场（厂）内专用机动车辆事故及预防：

（1）超速造成事故：码头行驶坠入海中、车辆侧翻、倾翻、高速转弯，货物甩出。

（2）无证驾驶造成事故。

（3）违章载人造成事故：站在货车脚踏板上违章乘车；前翻斗车载人，车厢翻起人落；货车车厢中同时载物载人，挤压或甩出。

（4）违章作业造成事故：汽车起重机臂杆触电；检修时自动倾卸车不落斗，货斗坠落；装载机司机误操作，升降臂下降；货车不关车窗；履带拖拉机自溜；履带起重机超载倾翻。

（5）设备故障造成事故：叉车货叉断裂；刹车失灵。

六、客运索道事故

（一）客运索道事故发生原因

（1）设计上不合理。

（2）制造上有误差。

（3）质量控制不到位。

（4）安装和装配上出现差错。

（5）维护和检修不正常。

（6）操作规程不合理。

（7）操作人员对操作规程了解不全面。

（二）客运索道事故应急救援

制定应急措施和救援预案。包括：紧急救护人员组织分工表，紧急救护人员职责，紧急救护方式及程序，紧急救护程序流程表，紧急救护纪律，紧急救护规范用语。

（三）典型客运索道事故及预防

（1）拖动失效。该类事故会造成人员高空滞留，一般不会导致人员伤亡。

（2）脱索。其后果通常是高空滞留、线路振荡等。脱索的原因有钢丝绳的运行受阻、靠贴力或附着力减小、轨道偏移、支撑物失效等。

（3）坠落。吊具坠落的原因：超载、防滑力太小、抱索器受损、抱索器在运行中被机械卡阻、运行小车在运行中被卡阻、钢丝绳断裂等。

（4）撞击。

（5）机械伤害。

（6）振荡。

（7）触电。

（8）电气火灾。

（9）外部环境带来的其他伤害（小净空通行伤害、雷电伤害、大风伤害）。

七、大型游乐设施事故

（一）大型游乐设施事故发生原因

（1）设计中零件布置不合理。

（2）零件的工艺设计不合理。

（3）机械连接方式不当。

（4）零件的精度不够。

（5）安装不到位。

（6）维护和检修不正常。

（7）操作人员违规操作。

（二）典型大型游乐设施事故

（1）倒塌（倾覆倾翻）。

（2）坠落。

（3）挤压。

（4）碰撞。

（5）火灾。

（6）触电。

（7）物体打击。

（8）溺水。

（9）失控。

（10）高空滞留。

第三节　锅炉安全技术★★★

一、锅炉使用安全管理

应使用许可厂家合格产品、登记建档、专责管理、建立制度、持证上岗、照章运行、定期检验、监控水质、报告事故。

定期检验：指在设备的设计使用期限内，每隔一定的时间对其承压部件和安全装置进行检测检查，或做必要的试验，是及早发现缺陷、消除隐患、保证设备安全运行的一项行之有效的措施，按检验周期进行检验。

二、锅炉安全附件

具体见表 3-6。

表 3-6 锅炉安全附件

附件名称	作用与要求
安全阀	对锅炉内部压力极限值的控制及对锅炉的安全保护起重要作用；按规定配置，合理安装，结构完整、灵敏、可靠；每年对其检验、定压一次并铅封完好，每月自动排放试验一次，每周手动排放试验一次
压力表	锅炉必须装有与锅筒（锅壳）蒸汽空间直接相连接的压力表；压力表量程一般为工作压力的 1.5～3 倍；表盘直径不小于 100 mm，表的刻盘上应画有最高工作压力红线标志；压力表、存水弯管、三通旋塞装置齐全，半年校验一次，铅封完好
水位计	用于显示锅炉内水位的高低；应安装合理，便于观察，且灵敏可靠；每台锅炉至少装两只独立水位计，蒸发量≤0.2 t/h 的可只装一只；水位计应设置放水管并接至安全地点；玻璃管式水位计应有防护装置
温度测量装置	对热力系统中的给水、蒸汽、烟气等介质的温度进行监测
保护装置	超温报警和联锁保护装置；高低水位警报和低水位联锁；超压报警 锅炉熄火保护装置
排污阀或放水装置	排出水垢、泥渣，保证水质
防爆门	为防止炉膛和尾部烟道再次燃烧造成破坏，在炉膛和烟道易爆处装设防爆门
自动控制装置	自动化仪表对温度、压力、流量、物位等参数监视、控制、调节，达到安全

三、锅炉使用安全技术

1. 锅炉启动步骤

具体见表 3-7。

表 3-7 锅炉启动步骤

检查准备	上水	烘炉	煮炉	点火升压	暖管与并汽
全面检查受热面、承压部件、燃煤系统、各类门孔、挡板、安全附件和测量仪表等	水温最高不超过 90 ℃，水温与筒壁温差不超过 50 ℃，上水时间夏季不小于 1 h，冬季不小于 2 h，冷炉上水至最低安全水位停止	防止因炉膛和烟道墙壁潮湿产生裂纹、变形和发生事故	清除蒸发受热面中的铁锈和污物，减少受热面腐蚀，提高锅水和蒸汽品质	防止炉膛爆炸，控制升温升压速度，严密监视和调整仪表，保证强制流动受热面的可靠冷却	防止暖管热应力过大而造成损坏，防止水击并汽（并炉、并列）致使新投入运行锅炉向共用的蒸汽母管供汽

2. 锅炉正常运行中的监督调节

具体见表 3-8。

表 3-8 锅炉正常运行中的监督调节

调节项目	调节要求
锅炉水位的监督调节	• 锅炉水位保持在正常水位线处，允许在正常水位线上下 50 mm 内波动 • 水位的调节通常与气压、蒸发量的调节联系在一起 • 锅炉低负荷运行，水位稍高于正常水位；高负荷运行，则稍低于正常水位

续表

调节项目	调节要求
锅炉气压的监督调节	• 锅炉运行中，蒸汽压力应基本上保持稳定 • 负荷小于蒸发量，气压就上升；负荷大于蒸发量，气压就下降 • 根据负荷的变化，相应增减锅炉的燃料量、风量、给水量 • 间断上水的锅炉，上水应均匀；上水间隔时间不宜过长，一次上水不宜过多；燃烧减弱时不宜上水，人工烧炉在投煤、扒渣时不宜上水
气温的调节	• 锅炉负荷、燃料及给水温度的改变会造成过热气温的改变 • 过热器本身的传热特性不同，上述因素改变时气温变化规律不同
燃烧的监督调节	• 使燃料燃烧供热适应负荷的要求，维持气压稳定 • 使燃烧完好正常，减少未完全燃烧损失，减轻金属腐蚀和大气污染 • 对负压燃烧锅炉，维持引风和鼓风的均衡，保持炉膛一定的负压，以保证操作安全和减少排烟损失
排污和吹灰	• 排污：保持受热面内部清洁，避免发生汽水共腾及蒸汽品质恶化 • 吹灰：避免积灰影响锅炉传热，降低锅炉效率，产生安全隐患

3. 锅炉停炉及停炉保养

具体见表 3-9。

表 3-9 锅炉停炉及停炉保养

停炉	停炉保养
正常停炉次序	• 先停燃料供应，随之停止送风，减少引风；与此同时，逐渐降低锅炉负荷，相应地减少锅炉上水，但应维护锅炉水位稍高于正常水位 • 对燃气、燃油锅炉，炉膛停火后引风机至少要继续引风 5 min 以上 • 锅炉停止供汽后，应隔断与蒸汽母管的连接，排气降压 • 为保护过热器，防止其金属超温，可打开过热器出口集箱疏水阀适当放气
紧急停炉次序	• 立即停止添加燃料和送风，减弱引风；与此同时，设法熄灭炉膛内的燃料，对于一般层燃炉可以用砂土或湿灰灭火，链条炉可以开快挡使炉排快速运转，把红火送入灰坑；灭火后即把炉门、灰门及烟道挡板打开，以加强通风冷却；锅内可以较快降压并更换锅炉水，锅炉水冷却至 70 ℃左右允许排水 • 因缺水紧急停炉时，严禁给锅炉上水，并不得开启空气阀及安全阀快速降压
紧急停炉情况	• 锅炉水位低于水位表的下部可见边缘 • 不断加大向锅炉进水及采取其他措施，但水位仍继续下降 • 锅炉水位超过最高可见水位（满水），经放水仍不能见到水位 • 给水泵全部失效或给水系统故障，不能向锅炉进水 • 水位表或安全阀全部失效 • 设置在蒸汽空间的压力表全部失效 • 锅炉元件损坏，危及操作人员安全 • 燃烧设备损坏、炉墙倒塌或锅炉构件被烧红等 • 其他异常情况危及锅炉安全运行
停炉保养	• 指锅内保养，即汽水系统内部为避免或减轻腐蚀而进行的保养 • 常用的保养方式：压力保养、湿法保养、干法保养、充气保养

第四节 气瓶安全技术★★★

一、气瓶概述

根据气体在气瓶内的物理状态和临界温度进行分类，按其化学性能、燃烧性、毒性、腐蚀性进行分组，按 FTSC 编码标示每种气体的基本特性。主要分为适用于气瓶充装的压缩气体、液化气体和溶解气。按照公称工作压力，分为高压气瓶（压力大于或等于 10 MPa）和低压气瓶（压力小于 10 MPa）。气瓶水压试验压力为公称工作压力的 1.5 倍。

气瓶附件：瓶阀、瓶帽、保护罩、安全泄压装置、防震圈、气瓶专用爆破片、安全阀、液位计、紧急切断和冲装阻位装置。

1. 瓶阀应满足的要求

（1）螺纹匹配，密封可靠。

（2）瓶阀出气口的连接型式和尺寸，设计成能够防止气体错装、错用的结构，盛装助燃和不可燃气体瓶阀的出气口螺纹为右旋，可燃气体瓶阀的出气口螺纹为左旋。

（3）工业用非重复充装焊接气瓶瓶阀设计成不可重复充装的结构，瓶阀与瓶体的连接采用焊接方式。

（4）公称容积大于 100 L 的液化石油气瓶使用的气相瓶阀，宜设计成带有液位限定功能或者带有电子防伪识读功能的直阀或者角阀，液相瓶阀宜设计成单向阀。

（5）与气体接触的瓶阀材料与气瓶内所充装的气体具有相容性。

（6）与乙炔接触的瓶阀材料，选用含铜量小于 70%的铜合金（质量比）。避免铜与乙炔起反应，生成爆炸性物质乙炔铜。

（7）盛装易燃气体的气瓶瓶阀的手轮，选用阻燃材料制造。

（8）盛装氧气或者其他强氧化性气体的气瓶瓶阀的非金属密封材料，具有阻燃性和抗老化性。

2. 瓶帽和保护罩

瓶帽的作用是避免气瓶在搬运、运输或者使用过程中，受碰撞或冲击损伤阀门。为防止气体泄漏或由于超压泄放，造成瓶帽爆炸，在瓶帽上要开有对称的泄气孔。

保护罩是保护瓶帽、瓶阀或易熔塞免受撞击而设置的敞口屏罩式零件，也可兼作提升零件，多用于焊接气瓶及液化石油气钢瓶，所有保护罩应为不可拆卸结构。

3. 安全泄压装置

安全泄压装置有 4 种，即易熔塞合金装置、爆破片装置、安全阀、爆破片易熔塞复合装置。

（1）易熔塞合金装置。

装设有易熔塞合金装置的气瓶，在正常环境温度下运行，填满塞孔内的易熔合金保证气瓶的良好密封性能。一旦气瓶周围发生火灾或遇到其他意外高温，达到预定的温度值，易熔合金即熔化，瓶内气体由此孔排除，气瓶泄压。

易熔塞合金装置的公称动作温度有 102.5 ℃、100 ℃和 70 ℃三种。

其中用于溶解乙炔的易熔塞合金装置，其公称动作温度为 100 ℃。公称动作温度为 70 ℃的易熔塞合金装置用于除溶解乙炔气瓶外的公称工作压力小于或等于 3.45 MPa 的气瓶，公称动作温度为 102.5 ℃的易熔塞合金装置用于公称工作压力大于 3.45 MPa 且不大于 30 MPa 的气瓶。车用压缩天然气气瓶的易熔塞合金装置的动作温度为 110 ℃。

（2）爆破片装置。

爆破片装置是由爆破片和夹持器等组装而成的安全泄压装置。当气瓶内介质的压力因环境温度升高等原因而增加到规定的压力限定值（一般为气瓶的水压试验压力）时，爆破片立即动作（破裂），形成通道，使气瓶排气泄压。

（3）安全阀。

安全阀是广泛用于固定式压力容器的泄压装置，它的特点是机构简单、紧凑，而且可重新关闭，保持密封状态。

（4）爆破片易熔塞复合装置。

由爆破片与易熔塞串联组装成。易熔合金塞装设在爆破片排放一侧，当压力升高时，爆破片先破裂。这种复合装置兼有爆破片与易熔塞的优越性，密封性能增强，具有双重密封机构。

4. 安全泄压装置的要求

1）设置原则

（1）车用气瓶或者其他可燃气体气瓶、呼吸器用气瓶、消防灭火器用气瓶、溶解乙炔气瓶、盛装低温液化气体的焊接绝热气瓶、盛装液化气体的气瓶集束装置、长管拖车及管束式集装箱用大容积气瓶，应当装设安全泄压装置。

（2）盛装剧毒气体的气瓶，禁止装设安全泄压装置。

（3）液化石油气钢瓶，不宜装设安全泄压装置大于 3.45 MPa 且不大于 30 MPa 的气瓶。车用压缩天然气气瓶的易熔塞合金装置的动作温度为 110 ℃。

2）安全泄压装置的选用原则

（1）盛装有毒气体的气瓶，不应当单独装设安全阀。

（2）盛装低压有毒气体的气瓶，允许装设易熔塞合金装置；盛装溶解乙炔的气瓶，应当装设易熔塞合金装置；盛装易于分解或者聚合的可燃气体的气瓶，宜装设易熔塞合金装置。

（3）盛装液化天然气及其他可燃气体的焊接绝热气瓶，应当装设两级安全阀；盛装其他低温液化气体的焊接绝热气瓶，应当装设爆破片和安全阀。

（4）机动车用液化石油气瓶，应当装设带安全阀的组合阀或者分立的安全阀。

（5）车用压缩天然气气瓶应当装设爆破片易熔合金塞串联复合装置。

（6）安全阀复合装置中的爆破片应当置于与瓶内介质接触的一侧。

（7）工业用非重复充装焊接钢瓶，应当装设爆破片装置。

（8）爆破片的公称爆破压力为气瓶的水压试验压力。安全阀的开启压力不得小于气瓶水压试验压力的75%，也不得大于气瓶水压试验压力。盛装可燃气体的气瓶安全泄压装置所排出的气体直接排向大气空间。

5. 防震圈

指套在气瓶外面的弹性物质，是气瓶防震圈的简称。功能是防止气瓶受到直接冲撞。

二、气瓶充装

（一）充装基本要求

（1）气瓶的充装单位负责在自有产权或者托管的气瓶瓶体上涂敷充装站标志，并负责对气瓶进行日常维护保养，按照原标志涂敷气瓶颜色和色环标志。

（2）气瓶充装单位对气瓶的充装安全负责。

（3）气瓶充装单位应当制定相应的安全管理制度和安全技术操作规程。

（4）气瓶充装单位应当制定特种设备事故（特别是泄漏事故）应急预案和救援措施，并且定期演练。

（5）气瓶充装单位应当建立气瓶信息化管理数据库和气瓶档案。

（6）气瓶充装单位应当在自有产权或者托管的气瓶上粘贴气瓶警示标签。

（7）气瓶充装单位应当在气瓶充装前和充装后，由取得气瓶充装作业人员证书的人员对气瓶逐只进行检查，并做好检查记录和充装记录。

（8）车用气瓶的充装单位应当采用信息化手段对气瓶充装进行控制和记录。

（二）充装特殊规定

1. 气体充装装置

（1）防止可燃气体与助燃气体或者不相容气体的错装。

（2）充装采用的称重计量衡器的最大称量值及校验期应当符合相关标准的规定。

2. 充装溶解乙炔

（1）充装前，测定溶剂补加量并补加溶剂。

（2）乙炔充装量及乙炔与溶剂的质量比（炔酮比）应当符合有关标准的规定。

（3）充装过程中，瓶壁温度不得超过 40 ℃。

（4）分两次充装，中间的间隔时间不少于 8 h。

三、充装站对气瓶的日常管理

主要包括气瓶的装卸、运输、储存、保管和发送等环节。

（1）气瓶的储存必须有专用瓶库。

（2）气瓶瓶库屋顶应为轻型结构，应有足够的泄压面积。

（3）分类存放。可燃气体的气瓶不可与氧化性气体气瓶同库储存，氢气不准与笑气、氨、氯乙烷、环氧乙烷、乙炔等同库。

（4）气瓶的库房应与其他建筑物保持一定的距离，应为单层建筑。

（5）应当遵循先入库先发出的原则。

（6）设有相应的灭火器材，库房周围严禁存放易燃易爆物品。

（7）盛装易发生聚合反应或分解反应的气瓶，必须根据气体性质控制瓶库内的温度。

（8）气瓶放置应整齐，并佩戴瓶帽。立放时，应有防倾倒措施；横放时，头部朝向一方。

第五节　压力容器安全技术★★★

一、压力容器使用安全管理

应使用许可厂家的合格产品、登记建档、专责管理、建立制度、持证上岗、照章运行、定期检验。

二、压力容器安全附件

具体见表 3-10。

表 3-10　压力容器安全附件

名称	作用与特点
安全阀	● 分全启式安全阀和微启式安全阀 ● 根据整体结构和加载方式又分静重式、杠杆式、弹簧式和先导式 ● 安全阀的故障主要有：泄漏、到规定压力时不开启；不到规定压力时开启；排气后压力继续上升；排放泄压后阀瓣不回座
爆破片	● 又称爆破膜或防爆膜，非重闭式泄压装置，与安全阀比具有结构简单、泄压反应快、密封性能好、适应性强的特点
安全阀与爆破片装置的组合	● 安全阀与爆破片并联组合时，爆破片的标定爆破压力不得超过容器的设计压力，安全阀的开启压力应略低于爆破片的标定爆破压力 ● 安全阀进口和容器之间串联爆破片：爆破片先作用，安全阀后作用 ● 安全阀出口侧串联爆破片：安全阀先作用，爆破片后作用
爆破帽	爆破压力误差较小，泄放面积较大，多用于超高压容器
易熔塞	熔化型（温度型）安全泄放装置，在盛装液化气体的钢瓶中应用广泛
紧急切断阀	在管道发生大量泄漏时紧急止漏，一般还具有过流闭止及超温闭止的性能，能在近程和远程独立操作

续表

名称	作用与特点
减压阀	改变阀瓣与阀座之间的间隙，介质通过时产生节流，使阀出口侧压力下降
压力表	按照结构和作用分为：活塞式压力计（通常用作校验用的标准仪表）、液柱式压力计（一般只用于测量很低的压力）、弹性元件式压力计（广泛采用）、电量式
液位计	用于观察和测量容器内的液体位置变化情况，盛装液化气体的容器必须有液位计
温度计	—

三、压力容器使用安全技术

具体见表 3-11。

表 3-11　压力容器安全操作与维护保养

项目	要求与内容
安全操作要求	平稳操作、防止超载
运行期间的检查	● 工艺条件：操作压力、操作温度、液位、工作介质的化学组成 ● 设备状况：连接部位有无泄漏、渗漏，部件和附件有无缺陷等 ● 安全装置：安全装置及与安全有关计量器具是否完好
紧急停止运行	● 容器的操作压力或壁温超过安全操作规程规定的极限值，且采取措施无法控制，并有继续恶化的趋势 ● 容器承压部件出现裂纹、鼓包变形、焊缝或可拆连接处泄漏等 ● 安全装置全部失效，连接管件断裂，紧固件损坏等 ● 操作岗位发生火灾，威胁到容器的安全操作 ● 高压容器的信号孔或警报孔泄漏
维护保养	保持完好的防腐层；消除产生腐蚀的因素；消灭容器的“跑、冒、滴、漏”，保持完好；加强容器在停用期间的维护；经常保持容器的完好状态

第六节　压力管道安全技术★★★

一、压力管道使用安全管理

应使用许可厂家的合格产品、登记建档、专责管理、建立制度、持证上岗、照章运行、定期检验、监控水质、报告事故。

二、压力管道安全附件

包括安全阀、爆破片、温度计、阻火器、防静电装置、阴极保护装置等。

（一）安全泄压装置

1. 长输气管道一般应设置安全泄放装置

（1）输气站应在进站截断阀上游和出站截断阀下游设置泄压放空装置。

（2）输气干线截断阀上下游均应设置放空管，应能迅速放空两截断阀之间管段内的气体。

（3）输气站存在超压可能的设备和容器，应设置安全阀。

2. 热力管道的超压保护装置

泄压装置多采用安全阀，安全阀开启压力一般为正常最高工作压力的1.1倍，最低为1.05倍。

3. 工业管道安全泄压装置的通用要求

（1）除特殊情况外，处于运行中可能超压的管道系统均应设置泄压装置。可采用安全阀、爆破片装置或者两者组合使用。

（2）不宜使用安全阀的场合可以使用爆破片。

（3）安全阀应按照需要排放的气（汽）体或液体介质进行选用，考虑背压的影响。

（二）用于控制介质压力和流动状态的装置

（1）调压装置。

（2）止回阀。

（3）切断装置。

① 紧急切断装置。紧急切断装置包括紧急切断阀、远程控制系统和易熔塞自动切断装置。

② 线路截断阀。长输气管道均需设置线路截断阀。

③ 切断阀。工业管道中进出装置的可燃、易爆、有毒介质管道应在边界处设置切断阀，并在装置侧设“8”字盲板。

（4）阻火器。

阻火器是用来阻止易燃气体、液体的火焰蔓延和防止回火而引起爆炸的安全装置。

阻火器按其结构型式可以分为金属网型、波纹型、泡沫金属型、平行板型、多孔板型、水封型、充填型等。按功能可分为爆燃型和轰爆型，其中爆燃型阻火器是用于阻止火焰以亚音速通过的阻火器，轰爆型阻火器是用于阻止火焰以音速或超音速通过的阻火器。

（5）防静电设施。

可燃介质管道应有静电接地设施。

（6）凝水缸。

为排除燃气管道中的冷凝水和天然气管道中的轻质油，管道敷设时应有一定坡度，以便在低处设凝水缸，将汇集的水或油排出。

（7）放散管。

放散管是专门用来排放管道中的空气或燃气的装置。

（8）泄漏气体安全报警装置。

（9）阴极保护装置。

防止管道受地下外部环境影响而产生腐蚀破坏的最重要措施之一。

（10）压力表、温度计。

三、压力管道使用安全技术

（一）压力管道的安全操作

（1）操作工艺条件的控制。压力和温度是管道运行过程中的两个主要工艺控制指标。

（2）交变载荷控制。

（3）腐蚀性介质含量控制。

（二）压力管道维护保养

维护保养是延长管道使用周期的基础。

（三）压力管道故障处理

压力管道日常运行中发生的故障主要有接头和密封填料处泄漏，管道异常振动和摩擦，安全阀动作失灵，管道内部堵塞和仪表失灵等。

（四）管道完整性管理

1. 管道完整性的含义

管道完整性含义包括 4 个方面：管道始终处于安全可靠的工作状态；管道在物理上和功能上是完整的，管道处于受控状态；管道运营单位不断采取行动防止管道事故的发生；管道完整性与管道的设计、施工、运行、维护、检修和管理的各个过程密切相关。

2. 管道完整性管理的主要内容

完整性管理的主要内容包括：管道完整性管理信息系统、安全评价与检测、风险评估、管道的维修、事故的应急处理等。

3. 管道完整性管理实施，建立和运行完整性管理信息系统

识别高后果区：数据采集；风险评估；完整性评价；建立可接受风险标准；风险控制和减缓；定期风险评估；完整性管理体系的变更与管理。

第七节　起重机械安全技术★★★

一、起重机械使用安全管理

应使用许可厂家的合格产品、登记建档、建立安全管理制度、技术档案、作业人员定期检验制度（安全定期监督检验周期为 2 年）、使用单位年度检查、每月检查、每日检查。

二、起重机械安全装置

（1）制动器。

（2）起重量限制器。

（3）起重力矩限制器。

（4）极限力矩限制器。

（5）起升高度限制器。

（6）运行机构行程限位器。

（7）缓冲器和端部止挡。

（8）紧（应）急停止开关。

（9）联锁保护装置。

（10）偏斜显示（限制）装置。

（11）轨道清扫器。

（12）抗风防滑装置。

（13）风速仪。

（14）防护罩、防护栏、隔热装置。

（15）防碰撞装置。

（16）报警装置。

（17）防止臂架向后倾翻装置。

（18）电缆卷筒终端限位装置。

（19）回转限位装置。

（20）幅度限位器。

（21）幅度指示器。

（22）集装箱吊具专项保护装置。

（23）桥式、门式起重机专项安全保护和防护装置。

（24）塔式起重机专项安全保护和防护装置。

（25）防坠安全器。

（26）流动式起重机专项安全保护和防护装置。

① 支腿锁紧装置；

② 液压锁；

③ 水平仪；

④ 铁路起重机专项安全保护和防护装置。

（27）机械式停车设备专项安全保护和防护装置。

① 紧（应）急停止开关；

② 防止超限运行装置；

③ 汽车长、宽、高限制装置；

④ 阻车装置；

⑤ 人车误入检出装置；

⑥ 载车板上汽车位置检测装置；

⑦ 出入口门、围栏门联锁保护装置；

⑧ 自动门防夹装置；

⑨ 防重叠自动检测装置；

⑩ 防载车板坠落装置；

⑪ 警示装置；

⑫ 缓冲器；

⑬ 松绳（链）检测装置或载车板倾斜检测装置；

⑭ 运转限制装置。

三、起重机械使用安全技术

1. 吊运前的准备

正确佩戴个人防护用品；检查清理作业场地；检查起重机和吊装工具、辅件；根据有关技术数据进行最大受力计算，确定吊点位置和捆绑方式；编制作业方案（如大型、重要的物件的吊运或多台起重机共同作业的吊装）。

2. 起重机司机安全操作技术

（1）开机作业前确认安全：所有控制器是否置于零位；起重机与其他设备或固定建筑物的最小距离是否在 0.5 m 以上；电源断路装置是否加锁或是否有警示标牌；流动式起重机是否按要求平整好场地，支脚是否牢固可靠。

（2）开车前，必须鸣铃或示警；操作中接近人时，应给断续铃声或示警。

（3）不得利用极限位置限制器停车；不得利用打反车进行制动；不得在起重作业过程中进行检查和维修；不得带载调整起升、变幅机构的制动器，或带载增大作业幅度；吊物不得从人头顶上通过，吊物和起重臂下不得站人。

（4）严格按指挥信号操作，对紧急停止信号，无论何人发出，都必须立即执行。

（5）吊载接近或达到额定值，或起吊危险器（液态金属、有害物、易燃易爆物）时，吊运前认真检查制动器，并用小高度、短行程试吊，确认没有问题后再吊运。

（6）与输电线的最小距离应满足安全要求。

（7）十不吊：起重机结构或零部件（如吊钩、钢丝绳、制动器、安全防护装置等）有影响安全工作的缺陷和损伤；吊物超载或有超载可能，吊物质量不清；吊物被埋置或冻结在地下、被其他物体挤压；吊物捆绑不牢，或吊挂不稳，被吊重物棱角与吊索之间未加衬垫；被吊物上有人或浮置物；作业场地昏暗，看不清场地、吊物情况或指挥信号。在操作中不得歪拉斜吊。

（8）突然断电时，应将所有控制器置零，关闭总电源。

（9）不允许同时利用主、副钩工作。

（10）用两台或多台起重机吊运同一重物时，每台起重机都不得超载。吊运过程应保

持钢丝绳垂直，保持运行同步。吊运时，有关负责人员和安全技术人员应在场指导。

（11）风力大于6级时，应停止作业。

3. 司索工安全操作技术

（1）准备吊具：对吊物估算准确，吊装前对吊具进行安全检查。

（2）捆绑吊物：吊物归类、清理、检查，捆绑部位毛刺打磨平滑，大而重的物体加诱导索。

（3）挂钩起钩：不准斜拉吊钩，坚持“五不挂”。

（4）摘钩卸载：选好位置，不允许抖绳摘钩。

（5）搬运过程的指挥：指挥者位置合适，不得擅离职守。

起重或吊物重量不明不挂，重心位置不清楚不挂，尖棱利角和易滑工件无衬垫物不挂，吊具及配套工具不合格或报废不挂，包装松散捆绑不良不挂等，将不安全隐患消除在挂钩前；当多人吊挂同一吊物时，应由一专人负责指挥，在确认吊挂完备，所有人员都离开且站在安全位置以后，才可发出起钩信号；起钩时，地面人员不应站在吊物倾翻、坠落可能波及的地方；如果作业场地为斜面，则应站在斜面上方（不可在死角），防止吊物坠落后继续沿斜面滚移伤人。

第八节 场（厂）内专用机动车辆安全技术★

一、场（厂）内专用机动车辆使用安全管理

（1）应使用许可厂家的合格产品登记建档。

（2）安全管理制度：司机守则；场（厂）内机动车辆安全操作规程；场（厂）内机动车辆维护、保养、检查和检验制度；场（厂）内机动车辆安全技术档案管理制度；场（厂）内机动车辆作业和维修人员安全培训、考核制度；技术档案；作业人员。

（3）定期检验制度：检验周期为1年；自我检查、每日检查、每月检查和年度检查。

二、场（厂）内专用机动车辆涉及安全的主要部件

高压胶管、货叉、链条、转向器、制动器、轮胎、安全阀、护顶架（保护司机免受重物落下造成伤害，需进行静态和动态两种载荷试验检测）、挡货架、货物稳定器、（翻）料斗锁定装置、下降限速阀、稳定支腿。

三、场（厂）内专用机动车辆使用安全技术

叉装物件时，被装物件质量应在该机允许载荷范围内；物件质量不明时，应将物件叉起离地100 mm后检查机械稳定性，确认无超载现象后方可运送。叉装时物件应靠近起落

架，重心在起落架中间。物件提升离地后，将起落架后仰，方可行驶。两辆叉车同时装卸一辆货车时，应有专人指挥联系。不得单叉作业和使用货叉顶货或拉货。叉车叉取易碎品、贵重品或装载不稳的货物时，应用安全绳加固，必要时有专人引导。以内燃机为动力的叉车进入仓库作业时应有良好的通风设施；严禁在易燃易爆仓库内作业。严禁货叉上载人。

第九节　客运索道安全技术*

一、客运索道使用安全管理

应使用许可厂家的合格产品、登记建档、建立制度、定期检验。

客运索道作业人员应经特种设备安全监督管理部门考核合格，持证上岗。

二、客运索道应具备的安全装置

（一）单线循环固定抱索器客运架空索道应具备的安全装置

1. 站内机械设施及安全装置

（1）站内机械设备、电气设备及钢丝绳应有必要的防护、隔离措施，非公共交通的空间应有隔离。

（2）站台（尤其出站侧）应有栏杆或防护网。

（3）驱动迂回轮应有防止钢丝绳滑出轮槽飞出的装置。

（4）制动液压站和张紧液压站应设有手动泵，当液压系统出现故障时可以用手动泵临时进行工作。并设有油压上下限开关，上限泄油、下限补油。

（5）张紧小车前后均应装设缓冲器防止意外撞击。

（6）吊厢门应安装闭锁系统，不能由车内打开，也不能由于撞击或大风的影响而自动开启。

（7）应设行程保护装置，在张紧小车、重锤或油缸行程达到极限之前，发出报警信号或自动停车。

2. 站内电气设施及安全装置

（1）减速机应设有润滑油保护装置。

（2）站台、机房、控制室应设蘑菇头带自锁装置的紧急停车按钮。

（3）有负力的索道应设超速保护，在运行速度超过额定速度15%时，能自动停车。

（4）应在风力最大处设风向风速仪，在有人的站房设置风速显示装置。

（5）站房之间应有独立的专用电话，至少要有一个站房或在站房附近有外线电话。

（6）沿线路应有通信方式。

（7）所有沿线的安全装置和站内的安全装置组成联锁安全电路，在线路中任何位置出现异常时，应能自动停车并显示故障位置。

（8）夜间运行时，有针对性照明，支架上电力线电压不允许超过 36 V。

（9）对于单线循环固定抱索器脉动式索道还应增加两条要求：

① 配备至少两套不同类型、来源及独立控制的进站减速控制装置，每套装置应能可靠减速。

② 设有进站速度检测开关，当索道减速后，应能按设定减速曲线可靠减速至低速进站，若未按设计减速或设定低速进站时，检测开关控制自动紧急停车。

（10）对于单线固定抱索器往复式索道另应增加两条要求：

① 应设越位开关，在客车超越停车位置时，索道应能自动紧急停车。

② 开车时站台间应设有信号联络控制系统，在站台未发开车信号前，索道不能启动。

3. 线路机电设施及安全装置

（1）配备救护工具和救护设施，沿线路不能垂直救护时，配备水平救护设备。吊具距地大于 15 m 时，应有缓降器救护工具。

（2）压索支架应有防脱索二次保护装置，需设有防止钢丝绳往回跳的挡绳板，外侧应安装捕捉器和 U 形保护装置及地锚。

（二）单线循环脱挂抱索器客运架空索道应具备的安全装置

1. 站内机械设施及安全装置

与前文单线循环固定抱索器内容相同。

2. 站内电气设施及安全装置

（1）站台、机房、控制室应设蘑菇头带自锁装置的紧急停车按钮。

（2）应设行程保护装置。

（3）有负力的索道应设超速保护，在运行速度超过额定速度的 15%时，能自动停车。

（4）道岔应设有闭锁安全监控装置。

（5）应设有钢丝绳位置检测开关。

（6）应设有开关门检测开关。

（7）应设有抱索器松开和闭合状态检测开关。

（8）应设有抱索器抱紧力和外形监测装置，钳口抱索形状若不符合要求应能自动停车。

（9）应设有接地棒，解决钢丝绳防雷接地问题。

（10）站房检查维修平台上应有维修闭锁开关。

3. 线路机电设施及安全装置

（1）应配备救护工具和救护设施，沿线路不能垂直救护时，应配备水平救护设施。吊具距地大于 15 m 时，应有缓降器救护工具。

（2）压索支架应有防脱索二次保护装置及地锚。

（3）高度在 10 m 以上的支架爬梯应设护圈，超过 25 m 时，间隔 10 m 设休息平台，检修平台应有扶手或护栏。滑雪索道支架底部应有防碰撞安全保护装置，爬梯侧面相应位置应有防滑雪者进入装置。

（4）托压索轮组内侧应设有防止钢丝绳往回跳的挡绳板，外侧应安装捕捉器和 U 形开关。

（三）双线往复式客运架空索道应具备的安全装置

1. 站内机械设施及安全装置

（1）应有必要的防护、隔离措施。站台（尤其出站侧）应有栏杆。

（2）单承载索道鞍座托索轮组应设牵引索自动复位装置，在牵引索滑出托索轮复位时，不会卡住。

（3）水平驱动轮导向轮应有防止钢丝绳滑出轮槽飞出的装置。

（4）制动液压站和张紧液压站应设有手动泵。

（5）承载索与张紧索的连接应有二次保护装置及防止自行旋转的装置。

（6）承载索两端锚固的索道，应采用可测可调的双重锚固装置。

（7）对于重锤行程大，牵引索跳动大的索道，应加液压缓冲装置。

（8）车厢门应安装闭锁系统，不能由车内打开，也不能由于撞击或大风的影响而自动开启。

（9）吊架与车厢连接处应有减振措施。车厢定员大于 15 人和运行速度大于 3 m/s 的索道客车吊架与运行小车之间应设减摆器。

（10）运行小车两端应设防止出轨的导靴和缓冲挡块。

2. 站内电气设施及安全装置

（1）应有两套独立电源供电，可采用双回路电源或柴油发动机作备用电源。

（2）减速机应设有润滑油保护装置。

（3）站台、机房、控制室应设蘑菇头带自锁装置的紧急停车按钮。

（4）应设行程保护装置。

（5）应设有牵引索断裂及双牵索道速度差、长度差检测开关。

（6）应设超速保护。

（7）应配备至少两套不同类型、来源及独立控制的进站减速控制装置，能可靠减速。

（8）应设有进站速度检测开关。

（9）应设越位开关。

（10）开车时站台间应设有信号联络控制系统，在站台未发开车信号前，索道不能启动。

（11）应在风力最大处设风向风速仪。在有人的站房设置风速显示装置。

（12）站房之间应有独立的专用电话，至少要有一个。站房或在站房附近有外线电话。

（13）客车与站内应有通信方式，在特殊情况（特别是故障时）下，可以及时通知

乘客。

3. 线路机电设施及安全装置

（1）应配备救护工具和救护设施，沿线路无法用缓降器救护时，应设救援车。

（2）高度在 10 m 以上的支架爬梯应设护圈，超过 25 m 时，每隔 10 m 设休息平台。

（四）客运拖牵索道应具备的安全装置

（1）人可以触及的转动部件及人体可能碰撞的设施，应当有保护栏杆或防护网。

（2）应设有制动器或防倒转装置。

（3）钢丝绳张紧系统应当有二次保护装置。

（4）张紧液压站应有上下限开关，超出上下限时，索道应能自动停车。

（5）支架高度从地面算起超过 4 m 的应有固定爬梯，并且装设工作平台。

（6）托压索轮组内侧应设有防止钢丝绳往回跳的挡绳板，外侧应安装捕捉器和 U 形开关，脱索时接住钢丝绳并紧急停车。

（7）站台、机房、控制室应设磨菇头带自锁装置的紧急停车按钮。

（8）应设行程保护装置。

三、客运索道使用安全技术

（一）制订安全操作规程

建立健全安全管理制度，一般应包括下列各项内容：

（1）定期技术检验制度。

（2）各岗位的安全操作规程。

（3）信号系统的检查制度。

（4）应急救护预案。

（5）自动停车、紧急停车及其安全设备动作时，排除故障及重新运行的措施。

（6）安全电路断电时需要再运行时的措施。

（7）机械设备、钢丝绳、客车等发生故障时的措施。

（8）风速超过规定值，或者天气条件威胁到安全运行时，停车处理办法及故障排除措施。

（9）能见度不足时的运行措施。

（10）夜间运行的措施。

（11）消除钢丝绳或机械部件上的冰和积雪的措施。

（二）客运索道的检查和维修

应在规定的时期内对钢丝绳和抱索器进行无损探伤。

运营后每 1～2 年应对支架各相关位置（如中心点、托压索轮及支架横担水平度、垂直度、支架形变等）进行检测。

第十节 大型游乐设施安全技术*

一、大型游乐设施使用安全管理

安全管理人员和操作人员，必须取得相应资质。

应开展自我检查、每日检查、每月检查和年度检查。

（1）每年要进行一次全面检查，必要时要进行载荷试验，并按额定速度进行起升、运行、回转、变速等机构的安全技术性能检查。

（2）月检项目：各种安全装置、动力装置、传动和制动系统；绳索、链条和乘坐物；控制电路与电气元件；备用电源。

（3）日检项目：控制装置、限速装置、制动装置和其他安全装置是否有效及可靠；运行是否正常，有无异常的振动或者噪声；易磨损件状况；门联锁开关及安全带等是否完好；润滑点的检查和加漆润滑油；重要部位（轨道、车轮等）是否正常。

二、大型游乐设施的安全装置

（一）乘人安全束缚装置（安全带、安全压杠和挡杆）

对束缚装置的要求是：

（1）束缚装置应可靠地固定在游乐设备的结构件上。

（2）乘人装置的设计，其座位结构和型式，自身应具有一定的束缚功能。

（3）束缚装置的锁紧装置在游乐设施出现功能性故障或紧急停车的情况下，仍能保持其闭锁状态，除非采取疏导乘人的紧急措施。

（4）束缚装置应可靠、舒适，与乘人直接接触的部件有适当的柔软性。

（二）锁紧装置（锁具）

锁具形式有棘轮棘爪、曲柄摇杆机构。

（三）吊挂乘坐的保险装置

吊挂座椅除用 4 根钢丝绳吊挂外，还必须另设 4 根保险钢丝绳。

（四）止逆行装置（止逆装置）

沿斜坡牵引的提升系统，必须设有防止载人装置逆行的装置，止逆行装置逆行距离的设计应使冲击负荷最小，在最大冲击负荷时必须止逆可靠。

（五）制动装置

为了使游乐设施安全停止或减速，大部分运行速度较快的设备都采用了制动系统。游乐设施的制动包括对电动机的制动和对车辆的制动。电动机的制动有机械制动和电气制动两种方式，车辆制动的方式主要采用机械制动。

（六）防碰撞及缓冲装置

同轨道、滑道、专用车道等有两组以上（含两组）无人操作的单车或列车运行时，应设防止相互碰撞的自动控制装置和缓冲装置。当有人操作时，应设有效的缓冲装置。

主要有激光式、超声波式、红外线式和电磁波式等类型。

常见的缓冲器分蓄能型缓冲器和耗能型缓冲器，前者主要以弹簧和聚氨酯材料等为缓冲元件，后者主要是油压缓冲器。

三、大型游乐设施使用安全技术

（一）建立健全安全管理制度和操作规程

（1）作业人员守则。

（2）安全操作规程。

（3）设备管理制度。

（4）日常安全检查制度。

（5）维修保养制度。

（6）定期报检制度。

（7）安全培训考核制度。

（8）紧急救援演习制度。

（9）意外事件和事故处理制度。

（10）技术档案管理制度。

（二）游乐设施在运营前按规程做好安全检查

检查内容包括：

（1）安全带、安全杠、把手是否牢固可靠，有无损坏情况。

（2）开关是否灵活、关牢，保险装置是否起作用。

（3）关键位置的销轴和焊缝有无明显变形、开裂或其他异常情况。

（4）螺栓卡板等紧固件有无松动及脱落现象。

（5）限位开关有无失灵情况。

（6）各润滑点是否润滑良好。

（7）电线有无断头、裸露现象。

（8）接地板连接是否良好。

（9）制动装置是否起作用。

第四章　防火防爆安全技术

第一节　火灾爆炸事故机理★★★

一、燃烧与火灾

1. 燃烧和火灾的定义、条件

（1）燃烧：物质与氧化物之间的放热反应，通常同时释放出火焰或可见光。

（2）火灾：在时间或空间上失去控制的燃烧所造成的灾害，会造成人或物的损失。

（3）燃烧和火灾发生的必要条件：氧化剂、可燃物、点火源，即火的三要素。在火灾防治中，阻断三要素的任何一个要素就可以扑灭火灾。

2. 燃烧过程和形式

（1）燃烧过程：可燃物质的聚集状态不同，其受热后所发生的燃烧过程也不相同。

气态可燃物是扩散燃烧；液态可燃物是可燃蒸气燃烧；固态可燃物是热解后的可燃气体燃烧。

（2）燃烧形式：扩散燃烧、混合燃烧、蒸发燃烧、分解燃烧、表面燃烧。

① 扩散燃烧：从管道、容器的出口或裂缝流向空气时形成稳定火焰的燃烧。

② 混合燃烧：可燃气体和助燃气体在管道、容器内部等相应空间扩散混合，失去控制的快速燃烧。煤气、液化石油气泄漏后遇到明火发生的燃烧爆炸。

③ 蒸发燃烧：如酒精、汽油等易燃液体的燃烧。

④ 分解燃烧：如木材、纸、油脂一类的高沸点固体可燃物的燃烧。

⑤ 表面燃烧：如炭、箔状或粉状金属（铝、镁）的燃烧。

3. 火灾的分类

（1）按物质的燃烧特性分类。

A 类：固体物质火灾。

B 类：液体火灾或可熔化的固体物质火灾。

C 类：气体火灾。

D 类：金属火灾（如镁、钠、钾、铝等）。

E 类：带电火灾，是物体带电燃烧的火灾，如发电机、电缆、家用电器等。

F 类：指烹饪器具内烹饪物火灾，如动植物油脂。

（2）按照火灾损失严重程度分类。

① 特别重大火灾。特别重大火灾是指造成30人以上死亡，或者100人以上重伤，或者1亿元以上直接财产损失的火灾。

② 重大火灾。重大火灾是指造成10人以上30人以下死亡，或者50人以上100人以下重伤，或者5 000万元以上1亿元以下直接财产损失的火灾。

③ 较大火灾。较大火灾是指造成3人以上10人以下死亡，或者10人以上50人以下重伤，或者1 000万元以上5 000万元以下直接财产损失的火灾。

④ 一般火灾。一般火灾是指造成3人以下死亡，或者10人以下重伤，或者1 000万元以下直接财产损失的火灾。

上述所称的“以上”包括本数，“以下”不包括本数。

4. 火灾的基本概念及参数

（1）引燃能（最小点火能）：释放能够触发初始燃烧化学反应的能量，影响其反应发生的因素，包括温度、释放的能量、热量和加热时间。

（2）着火延滞期（诱导期）：着火延滞时间指可燃物质和助燃气体的混合物在高温下从开始暴露到起火的时间；混合气体着火前自动加热的时间称为诱导期。

（3）闪燃：液体表面产生足够的可燃蒸气，遇火源产生一闪即灭的燃烧现象。蒸发速度慢不足以维持稳定的燃烧，因而燃烧一闪而过。闪燃往往是持续燃烧的先兆。

（4）闪点：在规定的试验条件下，易燃和可燃液体表面能够蒸发产生足够的蒸气而发生闪燃的最低温度。一般情况下闪点越低，火灾危险性越大。

（5）燃点（着火点）：可燃物质发生着火的最低温度。燃点（着火点）越低，火灾危险性越大。

（6）自燃点：指可燃物在没有外界火源的作用下，靠自热或外热而发生燃烧的现象。根据热源的不同，物质自燃分为自热自燃和受热自燃两种。一般情况下，密度越大，闪点越高而自燃点越低。油品密度：汽油＜煤油＜轻柴油＜重柴油＜蜡油＜渣油，闪点依次升高，自燃点依次降低。

（7）阴燃：没有火焰和可见光的燃烧现象，处于燃烧初期。

5. 典型火灾事故的发展规律（过程）

（1）初起期：重要特征是冒烟、阴燃，此时灭火最有效。

（2）发展期：一般采用 t 平方特征火灾模型来简化描述，即火灾热释放速率与时间的二次方成正比。轰燃发生在发展期。

（3）最盛期：控制火灾燃烧方式是通风控制火灾。

（4）熄灭期：原因可以是燃料不足、灭火系统的作用等。

6. 燃烧机理

（1）活化能理论。

分子间发生化学反应首要条件是相互碰撞，少数具有一定能量的分子相互碰撞才会发生反应，使普通分子变为活化分子必需的能量为活化能。

（2）过氧化物理论。

燃烧反应中，首先是氧分子活化形成过氧键，过氧化物是可燃物质被氧化的最初产物，是不稳定化合物。

（3）链反应理论。

引发阶段：需有外界能量使分子键破坏生成第一批自由基。

发展阶段：自由基很不稳定，易与反应物分子作用生成燃烧物分子与新的自由基。

终止阶段：自由基减少、消失。

二、爆炸

物质系统蕴藏的或瞬间形成的大量能量在有限的体积和极短的时间内，骤然释放或转化的现象。

1. 爆炸的特征

爆炸过程高速进行；爆炸点附近压力急剧升高，多数爆炸伴有温度升高；发出或大或小的响声；周围介质发生震动或邻近的物质遭到破坏。

2. 爆炸的分类

（1）按能量来源分类：物理爆炸、化学爆炸、核爆炸。

（2）按爆炸反应相的不同分类：

气相爆炸（混合气体、气体分解、粉尘、喷雾）；

液相爆炸（硝酸和油脂、液氧和煤粉、熔融矿渣钢水与水过热快速蒸发的蒸汽爆炸）；

固相爆炸（乙炔铜分解、导线电流过载过热使金属迅速气化的爆炸）。

（3）按爆炸速度分类：

爆燃：是伴有爆炸的快速燃烧现象，以亚音速传播。燃烧速度为每秒数米，无多大破坏力，声响也不大。如无烟火药在空气中的快速燃烧、可燃气体混合物在爆炸浓度上限或下限时的爆炸。

爆炸：燃烧速度为每秒十几米至数百米，有较大破坏力，有震耳的声响。如可燃气体混合物、火药爆炸。

爆轰：燃烧速度为 1 000～7 000 m/s，产生超音速“冲击波”。例如，梯恩梯（TNT）炸药的爆炸速度为 6 800 m/s。

3. 可燃气体爆炸

（1）分解爆炸性气体爆炸：在温度和压力作用下分解产生热，提供了继续分解的能量而爆炸。乙炔、乙烯、环氧乙烷、臭氧、联氨等火焰、火花引起分解爆炸情况较多。敏感性与压力有关。

（2）可燃性混合气体爆炸：

扩散阶段：扩散时间。

感应阶段：感应时间。

化学反应阶段：化学反应时间。

（3）爆炸反应历程：热反应、链式反应。

4. 物质爆炸浓度极限

爆炸极限是表征可燃气体、蒸气和可燃粉尘危险性的主要指标之一，指可燃性气体、蒸气（体积百分比 L）或可燃粉尘（质量浓度 Y，kg/m^3）与空气（或氧）在一定浓度范围内均匀混合，遇到火源发生爆炸的浓度范围，包括爆炸下限（$L_{下}$，$Y_{下}$）和爆炸上限（$L_{上}$，$Y_{上}$）；爆炸危险度 H 值越大，则爆炸危险性越大。即：

$$H=(L_{上}-L_{下})/L_{下} \text{ 或 } H=(Y_{上}-Y_{下})/Y_{下}$$

影响爆炸极限的因素如下：

（1）温度：初始温度越高，爆炸极限范围越宽，则爆炸下限越低，上限越高。

（2）压力：初始压力增大，下限变小，上限变大，爆炸范围扩大，危险增加。

（3）惰性介质：随着惰性气体含量增加，爆炸极限范围缩小到一定值时，上下限趋于一致，不发生爆炸。

（4）爆炸容器：传热性好，管径细，爆炸极限范围变小。

（5）点火源：加热面积越大，作用时间越长，爆炸极限范围越大。

5. 粉尘爆炸

当可燃性固体呈粉体状态，粒度足够细，飞扬悬浮于空气中，并达到一定浓度，在相对密闭的空间内，遇到足够的点火能量，就能发生粉尘爆炸。

（1）粉尘爆炸的特点：爆炸速度或升压速度比爆炸气体小，但燃烧时间长，产生的能量大，破坏程度大；爆炸感应期较长；有产生二次爆炸的可能性。

（2）粉尘爆炸的三个条件：粉尘本身具有可燃性；粉尘虚浮在空气中并达到一定浓度；有足以引起粉尘爆炸的起始能量。

（3）粉尘爆炸的过程：链式连锁反应；与可燃气体爆炸的区别在于粉尘爆炸所需发火能多；粉尘爆炸促使稳定上升的传热方式主要是热辐射而非热传导。

（4）特性及影响因素。

主要特征参数：爆炸极限、最小点火能量、最低着火温度、粉尘爆炸压力及压力上升速率。

粉尘粒度越细，分散度越高，可燃气体和氧含量越高，火源强度、初始温度越高，湿度越低，惰性粉尘和灰分越少，爆炸极限范围越大。粉尘粒度对粉尘爆炸压力上升速率的影响比粉尘爆炸压力大得多。粉尘颗粒越细，反应速度越快，爆炸上升速率越大。

6. 固、液体炸药燃烧转化为爆炸的三个条件

（1）炸药处于密闭状态下，燃烧产生高温气体增大压力，使燃烧转为爆炸。

（2）燃烧面积扩大，燃烧加快，形成冲击波，使燃烧转为爆炸。

（3）药量较大时，炸药燃烧形成高温反应区，将热量传给尚未反应的炸药，使其余炸药爆炸。

第二节 防火防爆技术★★★

一、火灾爆炸预防基本原则

（1）防止和限制可燃可爆系统形成。

（2）当不可避免出现时，尽可能消除或隔离各类点火源。

（3）阻止和限制火灾爆炸蔓延扩展，尽可能降低损失。

二、点火源及其控制

具体见表 4-1。

表 4-1 点火源及其控制

点火源	控 制
明火	加热用火：避免用明火加热易燃物，布置远离易燃气体 维修焊接用火：防止电火花电弧，温度可达 5 000 ℃ 其他明火：禁止使用，警示标记，安全距离
摩擦和撞击	在易燃易爆场合避免摩擦和撞击 有爆炸危险的生产机件运转部分用两种材料 输送可燃气体、易燃液体的管道做耐压试验和气密性检查
电气设备	保证电气设备正常运行，防止出现事故火花
静电放电	控制流速、保持良好接地、消散静电、人体静电防护
化学能和太阳能	注意防热通风

系统密闭及负压操作：为了防止易燃气体、蒸气和可燃性粉尘与空气构成爆炸性混合物，应该使设备密闭。在负压下生产时，应防止人员将空气吸入。为了保证设备的密闭性，对危险物系统应尽量少用法兰连接，但要保证安装维修的方便。输送危险气体、液体的管道应采用无缝管。负压操作可以防止系统中的有毒或爆炸气体向器外逸散。但在负压操作下，要防止设备密闭性差，特别是在打开阀门时，外界空气通过孔隙进入系统。

三、爆炸控制

防止爆炸的一般原则：一是控制混合气体中的可燃物含量处在爆炸极限以外，二是使用惰性气体取代空气，三是使氧气浓度处于其极限值以下。

措施主要有：设备密闭、厂房通风、惰性介质保护、以不燃溶剂代替可燃溶剂、危险物品隔离储存等。具体见表 4-2。

表 4-2 爆炸控制措施

惰性气体保护	● 氮气、二氧化碳、水蒸气、烟道气
系统密闭和正压操作	● 新设备验收、修理后及使用过程中通过水压试验检查密闭性 ● 设备内部充满易爆物时采用正压操作（控制压力不能过高） ● 爆炸危险度大的可燃气体及危险设备和系统连接处尽量采用焊接接头
厂房通风	● 考虑气体的相对密度 ● 鼓风机避免产生火花，通风管内设防火遮板
以不燃溶剂代替可燃溶剂	● 甲烷和乙烷的衍生物 ● 针对其毒性和分解放出光气的特性采取措施
危险物品储存	● 爆炸物品不准与任何其他类的物品共储 ● 易燃液体不准与其他种类物品共同储存 ● 易燃气体除惰性气体外，不准和其他种类的物品共储 ● 惰性气体除易燃、助燃气体、氧化剂和有毒物品外不准和其他物品共储 ● 助燃气体除惰性气体和有毒物品外不准和其他物品共储

四、防火防爆安全装置及技术

1. 阻火及隔爆技术

具体见表 4-3。

表 4-3 阻火及隔爆技术

工业阻火器	● 分为机械阻火器、液封和料封阻火器 ● 常用于阻止爆炸初期火焰蔓延
主动式隔爆装置	● 靠装置某一元件的动作来阻隔火焰
被动式隔爆装置	● 只在爆炸发生时才起作用
其他阻火隔爆装置	● 单向阀：仅允许液体向一个方向流动 ● 阻火阀门：为了阻止火焰沿通风管道或生产管道蔓延 ● 火星熄灭器：防止烟道或车辆尾气排放管飞出的火星引起火灾
化学抑制防爆	● 可用于装有气相氧化剂中可能发生爆燃的气体、油雾或粉尘的任何密闭设备 ● 主要由爆炸探测器、爆炸抑制器和控制器三部分组成 ● 适用于泄爆易产生二次爆炸，或无法开设泄爆口的设备 ● 常用的抑爆剂有化学粉末、水、卤代烷和混合抑爆剂等

2. 防爆泄压技术

（1）安全阀。

安全阀的种类很多，按结构和原理分为：杠杆式、弹簧式、脉冲式。

按气体排放方式分为：全封闭式、半封闭式、敞开式。

安全阀的使用应该注意：安全阀合格；安全阀入口处装隔断阀时，隔断阀应常开并加铅封；压力容器安全阀最好直接装设在容器本体上；安全阀用于排泄可燃气体，应远离明火或易燃物；安全阀用于泄放可燃液体时，宜排入事故储槽、污油罐或其他容器；安全阀可放空，但应考虑放空口的高度及方向的安全性。

（2）爆破片。

可以泄放过高的压力；安全阀失效时只能用爆破片作为泄压装置；有毒气体压力容器一般用爆破片而不宜用安全阀。

（3）防爆门（窗）。

一般设置在使用油、气或燃烧煤粉的燃烧室外壁上，在燃烧室发生爆燃或爆炸时用于泄压，以防设备遭到破坏。

第三节　烟花爆竹安全技术★★

一、概述

烟花爆竹的组成和性质：

（1）组成：氧化剂、可燃剂、黏结剂、功能添加剂。

（2）性质：能量特征、燃烧特性、力学特性、安全性。

二、烟花爆竹基本安全知识

（一）烟花爆竹、原材料和半成品安全性能检测

检测项目包括：撞击感度、摩擦感度、静电感度、爆发点、相容性、吸湿性、水分测定、pH 测定。

感度的影响因素：温度、物理状态、结晶粒子的大小、密度、杂质。

（1）温度。药剂温度升高，各种感度都会增高，如黑火药，随温度的上升敏感度也随之提高。40 ℃以上时，黑火药对任何外界冲击作用都很敏感。

（2）杂质。药剂中掺有惰性物质，感度会发生巨大变化，杂质主要影响药剂的机械感度。不同的杂质对药剂感度有着不同的影响。提高感度的杂质为敏化剂，减低感度的杂质为钝化剂。

（二）烟花爆竹、烟火药生产的安全措施

1. 烟火药制造（裸药效果件制作）过程中的防火防爆措施

（1）烟火药制造、裸药效果件制作的各工序应分别在单独工房内进行，除造粒和制开包（球）药外，电动机械制造（作）烟火药及裸药效果件，在机械运转时，人与机械间应有防护设施隔离。

（2）粉碎氧化剂、还原剂应分别在单独专用工房内进行，每栋工房定员 2 人。进行烟火药混合的设备应达到不产生火花和静电积累的要求，不应使用易产生火花（铁质）和静电积累（塑料）材质。采用湿法配制含铝、铝镁合金等活性金属粉末的烟火药时，应及时做好通风散热处理，药物干燥应采用日光、热水（溶液）、低压热蒸汽、热风干燥或自然晾干，不应用明火直接烘烤药物。

2. 烟花爆竹产品生产过程中的防火防爆措施

（1）各工序应分别在单独专用工房进行。

（2）直接接触烟火药的工序应按规定设置防静电装置，加湿减少静电积累。手工工序应使用铜、铝、木、竹等材质的工具，不应使用铁器、瓷器和不导静电的塑料、化纤材料等工具。

（三）烟花爆竹工厂的布局和建筑安全要求

1. 建筑物危险等级

《烟花爆竹工程设计安全规范》（GB 50161—2009）明确了危险性建筑物的危险等级，按规定划分为 1.1 级、1.3 级。

2. 工厂布局

生产、储存爆炸物品的工厂、仓库应建在远离城市的独立地带，禁止设立在城市市区和其他居民聚集的地方及风景名胜区。厂、库建筑与周围的水利设施、交通枢纽、桥梁、隧道、高压输电线路、通信线路、输油管道等重要设施保持安全距离。

3. 工厂平面布置

同一危险等级的厂房和库房宜集中布置。药量大或危险性大的厂房和库房，不宜布置在库区出入口的附近，宜布置在危险品生产区的边缘或其他有利于安全的地形处。

4. 工艺布置

烟花爆竹的生产工艺宜采用机械化、自动化、自动监控等可靠的先进技术。对有燃烧、爆炸危险的作业宜采取隔离操作，并应坚持减少厂房内存药量和作业人员的原则，做到小型、分散。1.1 级、1.3 级厂房和库房（仓库）应为单层建筑，其平面宜为矩形。1.1 级厂房的人均使用面积不宜少于 9.0 m^2，1.3 级厂房的人均使用面积不宜少于 4.5 m^2。

（四）烟花爆竹工厂电气安全要求

1. 电气设备防爆

将危险场所划分为 F0、F1、F2 三类。

F0 类：经常或长期存在能形成爆炸危险的黑火药、烟火药及其粉尘的危险场所。F0

类危险场所不应安装电气设备。

F1 类：在正常运行时可能形成爆炸危险的黑火药、烟火药及其粉尘的危险场所。

F2 类：在正常运行时能形成火灾危险，而爆炸危险性极小的危险品及粉尘的危险场所。

变电所引至危险性建筑物的低压供电系统宜采用 TN–C–S 接地形式，从建筑物内总配电箱开始引出的配电线路和分支线路必须采用 TNS 系统。

2. 烟花爆竹工厂的布局和建筑安全要求

具体见表 4-4。

表 4-4　烟花爆竹工厂的布局和建筑安全要求

工厂安全距离	● 危险性建筑物与周围建筑物之间的最小允许距离 ● 根据危险性建筑物的计算药量、建筑的危险性等级和防护情况确定 ● 停滞量：暂时搁置时，允许存放的最大药量
生产烟花爆竹建筑物安全要求	● 一般规定：耐火等级不低于二级 ● 厂房的结构造型和构造：A 级采用砖墙承重结构 ● 厂房的安全疏散：安全窗，疏散门 ● 厂房的建筑构造：门、窗、安全窗、地面、墙、顶 ● 仓库的建筑结构：砖墙，屋盖轻质易碎结构 ● 消防设施：消防给水设施，按规定配置灭火器
工厂选址与布局	建在远离城市的独立地带，设计时按生产性质及功能分区布置
工厂平面布局	● 主厂区内根据工艺流程、生产特性布置，布置在非危险区的下风侧 ● 总仓库区远离工厂住宅区和城市等目标 ● 销毁厂应选择在有利的自然地形
工艺布置	● 采用新技术 ● 区别危险与非危险生产工序 ● 危险生产工序布置在一端 ● 危险品生产厂房和库房布置成矩形 ● 考虑人员紧急疏散问题 ● 泄爆方向不直接对着其他建筑或主要道路 ● 抗爆间的设置符合安全规范的要求

3. 烟花爆竹及其原料储存和运输安全要求

（1）危险品储存。

危险品生产区内，1.1 级中转库单库存药量不应超过 500 kg，1.3 级中转库单库存药量不应超过 1 000 kg。

危险品总仓库区内，1.1 级成品仓库库存药量不宜超过 10 000 kg，1.3 级成品仓库单库存药量不宜超过 20 000 kg，烟火药、黑火药、引火线仓库单库存药量不宜超过 5 000 kg。

（2）危险品运输。

危险品的运输宜采用符合安全要求并带有防火罩的汽车运输，厂内运输可采用符合安全要求的手推车运输，厂房之间的运输也可采用人工提送的方式。不宜采用三轮车运输，严禁用畜力车、翻斗车和各种挂车运输。

三、烟花爆竹生产安全管理要求

在安全生产管理方面要求：生产企业必须依照有关规定取得安全生产许可证；建立、健全安全生产责任制及各项管理制度；安全投入符合安全生产要求；设置安全生产管理机构，配备专职安全生产管理人员；进行教育培训；满足安全生产技术条件；依法进行安全评价；制订事故应急预案。

第四节 民用爆破器材安全技术★★

一、民用爆破

1. 民用爆破器材

是指用于非军事目的的各种炸药（起爆药、猛炸药、火药、烟火药）及其制品和火工品的总称。

（1）分类：工业炸药、起爆器材、专用民爆器材。

（2）火灾爆炸危险因素：不同类别和品种的爆破器材在生产、储存、运输和使用过程中的危险因素不尽相同。例如，粉状乳化炸药在储存、运输中存在如下危险：

① 硝酸铵储存过程中自然分解放热，可能引起燃烧或爆炸；

② 油相材料储存时遇高温、氧化剂易燃烧；

③ 包装后的乳化炸药仍具有较高温度，可能引起燃烧和爆炸；

④ 危险品的运输可能发生翻车、撞车、坠落、碰撞及摩擦等引起事故。

2. 火药燃烧的特性及炸药爆炸三特征

火药燃烧的特性：能量特性、燃烧特性、力学特性、安定性、安全性。

炸药爆炸三特征：反应过程的放热性、反应过程的高速度、反应生成物必定含有大量的气态物质。

3. 起爆器材、工业炸药的燃烧爆炸敏感度

火炸药在外界作用下引起燃烧和爆炸的难易程度称为火炸药的敏感度，一般有火焰感度、热感度、机械感度、电感度、光感度、冲击波感度、爆轰感度。

4. 火炸药爆炸影响因素

炸药的性质、炸药的临界尺寸、炸药层的厚度和密度、杂质及含量、周围介质的气体压力和壳体的密封、环境温度和湿度等。

5. 爆炸冲击波的破坏作用和防护措施

具体见表 4-5。

表 4-5 爆炸冲击波的破坏作用和防护措施

破坏	空气冲击波的初始压力可达 100 MPa 以上，对建（构）筑物、人身及各种有生力量（动物等）构成一定程度的破坏或损伤
防护措施	考虑工厂、仓库的厂址选择，总体规划和设计合理
工厂平面布置	主厂区选定，总仓库区远离工厂住宅区和城市，销毁厂选有利自然地形
安全距离	内部安全距离和外部安全距离
工艺布置	采用新技术，区分危险、非危险工序，考虑疏散问题，设置抗爆间
电气设备防爆	分Ⅰ、Ⅱ、Ⅲ类
防雷电措施	按防雷类别（第一类、第二类）采取防直击雷、雷电感应等措施
防静电措施	按静电危险环境级别（EA、EB、EC），采取直接和间接静电接地措施
自动雨淋灭火	
火灾报警系统	

6. 预防燃烧爆炸事故的主要措施

生产工艺成熟可靠；企业定制工艺技术规程和安全操作规程；设置自动报警、自动停机、自动卸爆等安全措施；与危险品接触的设备、器具、仪表应相容；危及生产安全的专用设备进行安全鉴定；预防火炸药生产中混入杂质；不允许使用明火，不得接触表面高温物；防止摩擦和撞击；有防止静电产生和积累的措施；采用防爆电气设备，设施满足防爆要求；设置避雷设施；火炸药生产过程中避免受到绝热压缩；预防机械和设备故障；停工检修时彻底清理残存火炸药，电焊时消除杂散电流。

二、民用爆破器材生产安全管理要求

在安全生产管理方面要求：生产企业必须依照有关规定取得安全生产许可证；建立、健全安全生产责任制及各项管理制度；安全投入符合安全生产要求；设置安全生产管理机构，配备专职安全生产管理人员；进行教育培训；满足安全生产技术条件；依法进行安全评价；制订事故应急预案。

第五节 消防设施与器材★★★

一、消防设施

1. 自动消防系统的组成

自动消防系统应包括探测、报警、联动、灭火、减灾等功能。

（1）火灾自动报警系统：由触发装置、火灾报警装置、电源组成。用于火灾的探测、报警。

（2）联动控制系统：由联动控制器、现场主动型设备和被动型设备组成。用于火灾的控制、联动等。消防系统中的三种控制方式是自动、联动和手动。

2. 火灾自动报警系统

（1）分类：区域火灾报警系统、集中报警系统、控制中心报警系统。

（2）火灾报警控制器：区域火灾报警控制器、集中火灾报警控制器、通用火灾报警控制器。

（3）适用范围：适用于工业与民用建筑和主要生产和生活场所；不适用于生产和储存火药、炸药、弹药等场所。

3. 自动灭火系统

（1）水灭火系统：室内外消火栓系统、自动喷水灭火系统、水幕和水喷雾灭火系统。

（2）气体自动灭火系统：特点是化学稳定性好、耐储存、腐蚀性小、不导电、毒性低、蒸发后不留痕迹、适用于扑救多种类型火灾。

（3）泡沫灭火系统：低倍数泡沫灭火系统、中倍数泡沫灭火系统、高倍数泡沫灭火系统（发泡倍数分别是 20 以下、21～200、201～1 000）。

4. 防排烟与通风空调系统

自然排烟（排烟窗、排烟井），机械排烟。

二、消防器材

1. 灭火器

（1）灭火剂。

水和水系灭火剂：最常用；不可用于密度小于水的物质、金属钾钠、强酸、电气火灾。

气体灭火剂：二氧化碳，卤代烷 1211、1301，七氟丙烷，混合气体 IG–541 等。

泡沫灭火剂：高倍数泡沫灭火剂（201～1 000 倍）。

干粉灭火剂：化学抑制作用。

（2）灭火器种类及其使用范围。

清水灭火器：A 类火灾。

泡沫灭火器：B 类水溶性、带电设备、C 类火灾和 D 类火灾。

酸碱灭火器：A 类物质的初起火灾。

二氧化碳灭火器：贵重设备、图书档案、精密仪器。

卤代烷灭火器：我国只生产 1211 和 1301，可用于扑救飞机、汽车等火灾。

干粉灭火器：可燃液体、可燃气体、带电设备、一般固体物质火灾。

2. 火灾探测器

火灾探测器能够对烟雾、温度、火焰和燃烧气体等火灾参量做出有效反应。主要包括感光式火灾探测器、感烟式火灾探测器（点型、线型）、感温式火灾探测器、可燃气体火灾探测器、复合式火灾探测器。

3. 其他消防器材

消防梯、消防水带、消防水枪、消防车。

第五章　危险化学品安全基础知识

第一节　危险化学品的安全基础知识★★★

一、危险化学品概念及类别划分

危险化学品是指具有爆炸、易燃、毒害、腐蚀、放射性等性质，在生产、经营、储存、运输、使用和废弃物处置过程中，容易造成人身伤亡和财产损毁而需要特别防护的化学品。

《化学品分类和危险性公示　通则》（GB 13690—2009）将危险化学品分为物理危害、健康危害、环境危害三类。

二、危险化学品的主要危险特性

（1）燃烧性。

（2）爆炸性。

（3）毒害性。

（4）腐蚀性。

（5）放射性。

三、化学品安全技术说明书和安全标签的内容及要求

（一）化学品安全技术说明书

简称 CSDS 或 MSDS，是一份关于化学品燃爆、毒性和环境危害以及安全使用、泄漏应急处置、主要理化参数、法律法规等方面信息的综合性文件，也是最基础的技术文件。

主要用途是传递安全信息，其主要作用体现在：

（1）是化学品安全生产、安全流通、安全使用的指导性文件；

（2）是应急作业人员进行应急作业时的技术指南；

（3）为危险化学品生产、处置、储存和使用各环节制订安全操作规程提供技术信息；

（4）为危害控制和预防措施的设计提供技术依据；

（5）是企业安全教育的主要内容。

包括 16 大项近 70 个小项的安全信息内容，具体项目如下：

（1）化学品及企业标识。

（2）危险性概述。

（3）成分/组成信息。

（4）急救措施。

（5）消防措施。

（6）泄漏应急处理。

（7）操作处置与储存。

（8）接触控制和个体防护。

（9）理化特性。

（10）稳定性和反应活性。

（11）毒理学资料。

（12）生态学信息。

（13）废弃处置。

（14）运输信息。

（15）法规信息。

（16）其他信息。

（二）危险化学品安全标签

危险化学品安全标签是用文字、图形符号和编码的组合形式表示化学品所具有的危险性和安全注意事项。

《化学品安全标签编写规定》（GB 15258—2009）规定了危险化学品安全标签的内容、格式和制作等事项，具体内容如下。

标签要素包括：化学品标识、象形图、信号词、危险性说明、防范说明、应急咨询电话、供应商标识、资料参阅提示语等。对于小于或等于 100 mL 的化学品小包装，为方便标签使用，安全标签要素可以简化。

在使用危险化学品安全标签时，应注意以下事项：

（1）安全标签的粘贴、挂拴或喷印应牢固，保证在运输、储存期间不脱落，不损坏。

（2）安全标签应由生产企业在货物出厂前粘贴、挂拴或喷印。若要改换包装，则由改换包装单位重新粘贴、挂拴或喷印标签。

（3）盛装危险化学品的容器或包装，在经过处理并确认其危险性完全消除之后，方可撕下标签，否则不能撕下相应的标签。

第三节 危险化学品的燃烧爆炸类型和过程★

一、燃烧爆炸分类

按其要素构成的条件和瞬间发生的特点，可分为闪燃、着火、自燃三种类型。按爆炸反应物质分为简单分解爆炸、复杂分解爆炸和爆炸性混合物爆炸。

二、燃烧爆炸过程

（1）燃烧。

相对于可燃固体和液体，可燃气体最易燃烧，燃烧所需要的热量只用于本身的氧化分解，并使其达到着火点。气体在极短的时间内就能全部燃尽。

液体在点火源作用下，先蒸发成蒸气，而后氧化分解进行燃烧。

固体燃烧一般有两种情况：对于硫、磷等简单物质，受热时首先熔化，而后蒸发为蒸气进行燃烧，无分解过程；对于复合物质，受热时可能首先分解成其组成部分，生成气态和液态产物，而后气态产物和液态产物蒸气着火燃烧。

（2）粉尘爆炸。

粉尘爆炸的特点：

① 粉尘爆炸的燃烧速度、爆炸压力均比混合气体爆炸小。

② 粉尘爆炸多数为不完全燃烧，所以产生的一氧化碳等有毒物质也相当多。

③ 可产生爆炸的粉尘颗粒非常小，可作为气溶胶状态分散悬浮在空气中，不产生下沉。堆积的可燃性粉尘通常不会爆炸。但由于局部的爆炸、爆炸波的传播使堆积的粉尘受到扰动而飞扬，形成粉尘雾，从而产生二次、三次爆炸。

（3）蒸气云爆炸。

一般要发生带破坏性超压的蒸气云爆炸应具备以下几个条件：

① 泄漏物必须可燃且具备适当的温度和压力条件。

② 必须在点燃之前即扩散阶段形成一个足够大的云团，如果在一个工艺区域内发生泄漏，经过一段延迟时间形成云团后再点燃，则往往会产生剧烈的爆炸。

③ 产生的足够数量的云团处于该物质的爆炸极限范围内才能产生显著的爆炸超压。

第三节　危险化学品燃烧爆炸事故的危害★

（1）高温的破坏作用。

（2）爆炸的破坏作用。

① 爆炸碎片的破坏作用。

② 爆炸冲击波的破坏作用。冲击波的破坏作用主要是由其波面上的超压引起的。

（3）造成中毒和环境污染。

第四节　危险化学品事故的控制和防护措施★★★

一、危险化学品中毒、污染事故预防控制措施

（1）替代。

选用无毒或低毒的化学品替代已有的有毒有害的化学品。例如，用甲苯替代喷漆和涂漆中用的苯，用脂肪烃替代胶水或黏合剂中的芳烃等。

（2）变更工艺。

如以往用乙炔制乙醛，采用汞作催化剂，现在发展为用乙烯为原料，通过氧化或氧氯化制乙醛，不需用汞作催化剂。通过变更工艺，彻底消除汞害。

（3）隔离。

隔离是通过封闭、设置屏障等措施，避免作业人员直接暴露于有害环境中。最常用的隔离方法是将生产或使用的设备完全封闭起来，使工人在操作中不接触化学品。

隔离操作是另一种常用的隔离方法，简单地说就是把生产设备与操作室隔离开。最简单的形式就是把生产设备的管线阀门、电控开关放在与生产地点完全隔离的操作室内。

（4）通风。

（5）个体防护。

（6）保持卫生。

二、危险化学品火灾、爆炸事故的预防

防止火灾、爆炸事故发生的基本原则主要有以下三点。

（1）防止燃烧、爆炸系统的形成。

① 替代。

② 密闭。

③ 惰性气体保护。

④ 通风置换。

⑤ 安全监测及联锁。

（2）消除点火源。

能引发事故的点火源有明火、高温表面、冲击、摩擦、自燃、发热、电气火花、静电火花、化学反应热、光线照射等。具体的做法有：

① 控制明火和高温表面。

② 防止摩擦和撞击产生火花。

③ 火灾爆炸危险场所采用防爆电气设备，避免电气火花。

（3）限制火灾、爆炸蔓延扩散的措施。

包括阻火装置、防爆泄压装置及防火防爆分隔等。

第五节　危险化学品储存、运输与包装安全技术★★

一、危险化学品储存的基本要求

根据《常用化学危险品贮存通则》（GB 15603—1995）的规定，储存危险化学品基本安全要求是：

（1）危险化学品必须储存在经公安部门批准设置的专门的危险化学品仓库中，经销部门自管仓库储存危险化学品及储存数量必须经公安部门批准。未经批准不得随意设置危险化学品储存仓库。

（2）危险化学品露天堆放，应符合防火、防爆的安全要求，爆炸物品、一级易燃物品、遇湿燃烧物品、剧毒物品不得露天堆放。

（3）储存危险化学品的仓库必须配备有专业知识的技术人员，其库房及场所应设专人管理，管理人员必须配备可靠的个人安全防护用品。

（4）储存的危险化学品应有明显的标志，标志应符合《危险货物包装标志》（GB 190—2009）的规定。同一区域储存两种及两种以上不同级别的危险化学品时，应按最高等级危险化学品的性能标志。

（5）危险化学品储存方式分为 3 种：隔离储存、隔开储存、分离储存。

（6）根据危险化学品性能分区、分类、分库储存。各类危险化学品不得与禁忌物料混合储存。

（7）储存危险化学品的建筑物、区域内严禁吸烟和使用明火。

二、危险化学品运输安全技术与要求

（1）国家对危险化学品的运输实行资质认定制度，未经资质认定，不得运输危险化学品。应当配备专职安全管理人员、驾驶人员、装卸管理人员和押运人员。

（2）危险化学品托运人必须办理有关手续后方可运输，运输企业应当查验有关手续齐全有效后方可承运。

（3）托运危险化学品的，托运人应当向承运人说明所托运的危险化学品的种类、数量、危险特性以及发生危险情况的应急处置措施，并按照国家有关规定对所托运的危险化学品妥善包装，在外包装上设置相应的标志。需要添加抑制剂或者稳定剂的，托运人应当按照规定添加，并告知承运人相关注意事项，还应当提交与托运危险化学品完全一致的安全技术说明书和安全标签。

（4）危险货物装卸过程中，应当根据危险货物的性质轻装轻卸，堆码整齐，防止混杂、撒漏、破损，不得与普通货物混合堆放。

（5）危险物品装卸前，应对车（船）搬运工具进行必要的通风和清扫，不得留有残渣，对装有剧毒物品的车（船），卸车（船）后必须洗刷干净。

（6）装运爆炸、剧毒、放射性、易燃液体、可燃气体等物品，必须使用符合安全要求的运输工具；禁忌物料不得温运；禁止用电瓶车、翻斗车、铲车、自行车等运输爆炸物品。运输强氧化剂、爆炸品及用铁桶包装的一级易燃液体时，没有采取可靠的安全措施时，不得用铁底板车及汽车挂车；禁止用叉车、铲车、翻斗车搬运易燃、易爆液化气体等危险物品；温度较高地区装运液化气体和易燃液体等危险物品，要有防晒设施；放射性物品应用专用运输搬运车和抬架搬运，装卸机械应按规定负荷降低25%的装卸量；遇水燃烧物品及有毒物品，禁止用小型机帆船、小木船和水泥船承运。

（7）运输危险货物应当配备必要的押运人员，保证危险货物处于押运人员的监管之下；危险化学品运输车辆应当符合国家标准要求的安全技术条件，应当悬挂或者喷涂符合国家标准要求的警示标志。

（8）道路危险货物运输过程中，驾驶人员不得随意停车。不得在居民聚居点、行人稠密地段、政府机关、名胜古迹、风景浏览区停车。如需在上述地区进行装卸作业或临时停车，应采取安全措施。运输爆炸物品、易燃易爆化学物品以及剧毒、放射性等危险物品，应事先报经当地公安部门批准，按指定路线、时间、速度行驶。

（9）运输易燃易爆危险货物车辆的排气管，应安装隔热和熄灭火星装置，并配装导静电橡胶拖地带装置。

（10）运输危险货物应根据货物性质，采取相应的遮阳、控温、防爆、防静电、防火、防震、防水、防冻、防粉尘飞扬、防散漏等措施。

（11）禁止通过内河封闭水域运输剧毒化学品以及国家规定禁止通过内河运输的其他

危险化学品。通过道路运输剧毒化学品的，托运人应当向运输始发地或者目的地的县级人民政府公安机关申请剧毒化学品道路运输通行证。

（12）危险化学品道路运输企业、水路运输企业的驾驶人员、船员、装卸管理人员、押运人员、申报人员、集装箱现场检查员应当经交通运输主管部门考核合格，取得从业资格。

三、危险化学品包装安全要求

（1）Ⅰ类包装：适用内包装危险性较大的货物。

（2）Ⅱ类包装：适用内包装危险性中等的货物。

（3）Ⅲ类包装：适用内包装危险性小的货物。

第六节　危险化学品经营的安全要求**

国家对危险化学品经营销售实行许可制度。

一、危险化学品经营企业的条件和要求

（1）经营场所和储存设施符合国家标准。

（2）主管人员和业务人员经过专业培训，并取得上岗资格。

（3）有健全的安全管理制度。

（4）符合法律、法规规定和国家标准要求的其他条件。

（5）有符合国家规定的危险化学品事故应急预案和必要的应急救援器材、设备。

（6）法律、法规规定的其他条件。

（一）经营场所和储存设施满足的要求

（1）应坐落在交通便利、便于疏散处。

（2）建筑物应符合《建筑设计防火规范》（GB 50016—2014）的要求。

（3）从事危险化学品批发业务的企业，应具备经县级以上（含县级）公安、消防部门批准的专用危险化学品仓库（自有或租用）。所经营的危险化学品不得存放在业务经营场所。

（4）零售业务只许经营除爆炸品、放射性物品、剧毒物品以外的危险化学品。

① 零售业务的店面应与繁华商业区或居住人口稠密区保持 500 m 以上距离。

② 零售业务的店面经营面积（不含库房）应不小于 60 m^2，其店面内不得设有生活设施。

③ 零售业务的店面内只许存放民用小包装的危险化学品，其存放总质量不得超过 1 t。

④ 零售业务的店面内危险化学品的摆放应布局合理，禁忌物料不能混放。综合性商场（含建材市场）所经营的危险化学品应有专柜存放。

⑤ 零售业务的店面内显著位置应设有“禁止烟火”等警示标志。

⑥ 零售业务的店面内应放置有效的消防、急救安全设施。

⑦ 零售业务的店面与存放危险化学品的库房（或罩棚）应有实墙相隔。单一品种存放量不能超过 500 kg，总质量不能超过 2 t。

⑧ 零售店面备货库房应根据危险化学品的性质与禁忌分别采用隔离储存、隔开储存或分离储存等不同方式进行储存。

⑨ 零售业务的店面备货库房应报公安、消防部门批准。

⑩ 危险化学品经营企业应向供货方索取并向用户提供 SDS。

（二）从业人员满足的要求

（1）危险化学品经营企业的法定代表人或经理应经过国家授权部门的专业培训，取得合格证书方能从事经营活动。

（2）企业业务经营人员应经国家授权部门的专业培训，取得合格证书方能上岗。

（3）经营剧毒物品企业的人员，除满足（1）（2）外，还应经过县级以上（含县级）公安部门的专门培训，取得合格证书方可上岗。

（三）有健全的安全管理制度

危险化学品经营企业应有健全的安全管理制度。

（四）符合法律、法规规定和国家标准要求的其他条件

危险化学品经营企业不得向未经许可从事危险化学品生产、经营活动的企业采购危险化学品，不得经营没有化学品安全技术说明书或者化学品安全标签的危险化学品。

危险化学品商店内只能存放民用小包装的危险化学品。

二、剧毒化学品、易制爆危险化学品的经营

经营剧毒化学品的企业要申领经营许可证，经营剧毒品要设专人。

经营剧毒物品企业的人员，除要达到经国家授权部门的专业培训，取得合格证书方能上岗的条件外，还应经过县级以上（含县级）公安部门的专门培训，取得合格证书后方可上岗。

销售剧毒化学品、易制爆危险化学品，应当如实记录购买单位的名称、地址、经办人的姓名、身份证号码以及所购买的剧毒化学品、易制爆危险化学品的品种、数量、用途，销售记录以及经办人的身份证明复印件、相关许可证件复印件或者证明，文件的保存期限不得少于 1 年。

剧毒化学品、易制爆危险化学品的销售企业、购买单位应当在销售、购买后 5 日内，将所销售、购买的剧毒化学品、易制爆危险化学品的品种、数量以及流向信息报所在地县级人民政府公安机关备案，并输入计算机系统。

第七节　泄漏控制与销毁处置技术★★

一、泄漏处理及火灾控制

（一）泄漏处理

（1）泄漏源控制。利用截止阀切断泄漏源，在线堵漏减少泄漏量或利用备用泄料装置使其安全释放。

（2）泄漏物处理。现场泄漏物要及时地进行覆盖、收容、稀释、处理。在处理时，还应按照危险化学品特性，采用合适的方法处理。

（二）火灾控制

1）灭火一般注意事项

（1）正确选择灭火剂并充分发挥其效能。

（2）注意保护重点部位。

（3）防止复燃复爆。

（4）防止高温危害。

（5）防止毒害危害。

2）几种特殊化学品火灾扑救注意事项

（1）扑救气体类火灾时，切忌盲目扑灭火焰，在没有采取堵漏措施的情况下，必须保持稳定燃烧。否则，大量可燃气体泄漏出来与空气混合，遇点火源就会发生爆炸，造成严重后果。

（2）扑救爆炸物品火灾时，切忌用沙土盖压，以免增强爆炸物品的爆炸威力；另外扑救爆炸物品堆垛火灾时，水流应采用吊射，避免强力水流直接冲击堆垛，以免堆垛倒塌引起再次爆炸。

（3）扑救遇湿易燃物品火灾时，绝对禁止用水、泡沫、酸碱等湿性灭火剂扑救。一般可使用干粉、二氧化碳、卤代烷扑救，但钾、钠、铝、镁等物品用二氧化碳、卤代烷无效。固体遇湿易燃物品应使用水泥、干砂、干粉、硅藻土等覆盖。对镁粉、铝粉等粉尘，切忌喷射有压力的灭火剂，以防止将粉尘吹扬起来，引起粉尘爆炸。

（4）扑救易燃液体火灾时，比水轻又不溶于水的液体用直流水、雾状水灭火往往无效，可用普通蛋白泡沫或轻泡沫扑救，水溶性液体最好用抗溶性泡沫扑救。

（5）扑救毒害和腐蚀品的火灾时，应尽量使用低压水流或雾状水，避免腐蚀品、毒害品溅出；遇酸类或碱类腐蚀品最好调制相应的中和剂稀释中和。

（6）易燃固体、自燃物品火灾一般可用水和泡沫扑救，只要控制住燃烧范围，逐步扑灭即可。但有少数易燃固体、自燃物品的扑救方法比较特殊。如 2,4–二硝基苯甲醚、二硝基萘、萘等是易升华的易燃固体，受热放出易燃蒸气，能与空气形成爆炸性混合物，尤其是在室内，易发生爆炸。在扑救过程中应不时向燃烧区域上空及周围喷射雾状水，并消除周围一切点火源。

二、废弃物销毁

爆炸性物品的销毁：

（1）凡确认不能使用的爆炸性物品，必须予以销毁，在销毁以前应报告当地公安部门，选择适当的地点、时间及销毁方法。

（2）方法：爆炸法、烧毁法、溶解法、化学分解法。

第八节　危险化学品危害及防护★★★

慢性中毒就是毒性危险化学品长时期、小剂量进入人体所引起的中毒；若在较短时间（一般为 3～6 个月）有较大剂量毒性危险化学品进入体内所引起的中毒称为亚急性中毒；若毒性危险化学品一次或短时间内大量进入人体内所引起的中毒称为急性中毒。

（一）毒性危险化学品侵入人体的途径

毒性危险化学品可经呼吸道、消化道和皮肤进入人体。在工业生产中，毒性危险化学品主要经呼吸道和皮肤进入体内。

（1）呼吸道。工业生产中毒性危险化学品进入人体的最重要的途径是呼吸道。凡是以气体、蒸气、雾、烟、粉尘形式存在的毒性危险化学品，均可经呼吸道侵入体内。呼吸道吸收程度与其在空气中的浓度密切相关，浓度越高，吸收越快。

（2）皮肤。毒性危险化学品经皮肤吸收引起中毒也比较常见。脂溶性毒性危险化学品经表皮吸收后，还需有水溶性，才能进一步扩散和吸收，所以水、脂皆溶的物质（如苯胺）易被皮肤吸收。

（二）工业毒性危险化学品对人体的危害

（1）刺激。

（2）过敏。

（3）窒息。

（4）麻醉和昏迷。

（5）中毒。

（6）致癌。

（7）致畸。

（8）致突变。

（9）尘肺。

（三）急性中毒的现场抢救

（1）救护者现场准备。

（2）切断毒性危险化学品来源。应迅速将中毒者移至空气新鲜、通风良好的地方。

（3）迅速脱去被毒性危险化学品污染的衣服、鞋袜、手套等，并用大量清水或解毒液彻底清洗被毒性危险化学品污染的皮肤。

（4）若毒性危险化学品经口引起急性中毒，对于非腐蚀性毒性危险化学品，应迅速用1/5 000 的高锰酸钾溶液或 1%～2%的碳酸氢钠溶液洗胃，然后用硫酸镁溶液导泻。

（5）令中毒患者呼吸氧气。若患者呼吸停止或心跳骤停，应立即施行复苏术。

第三部分

精选题库

第一章机械安全技术精选题库

一、单项选择题

1. 凡土石方施工工程、路面建设与养护、流动式起重装卸作业和各种建筑工程所需的综合性机械化装备通称为工程机械。下列机械装备中，属于工程机械的是（　　）。

A. 卷扬机　　B. 拖拉机　　C. 压缩机　　D. 挖掘机

2. 锻造是金属压力加工方法之一，在其加工过程中，机械设备、工具或工件的非正常选择和使用、人的违章作业等都可能导致机械伤害。下列伤害类型中，不属于机械伤害的是（　　）。

A. 锤头击伤　　B. 高空坠落　　C. 操作杆打伤　　D. 冲头打崩伤人

3. 齿轮、齿条、皮带、联轴器、蜗轮、蜗杆等都是常用的机械传动机构。机械传动机构在运行中处于相对运动的状态，会带来机械伤害的危险。下列机械传动机构的部位中，属于危险部位的是（　　）。

A. 齿轮、齿条传动的齿轮与齿条分离处

B. 带传动的两带轮的中间部位

C. 联轴器的突出件

D. 蜗杆的端部

4. 通过设计无法实现本质安全时，应使用安全装置消除危险。在安全装置的设计中不必考虑的是（　　）。

A. 强度、刚度、稳定性和耐久性　　B. 对机器可靠性的影响

C. 机器危险部位具有良好的可视性　　D. 工具的使用

5. 在齿轮传动机构中，两个齿轮开始啮合的部位是最危险的部位。不管啮合齿轮处于何种位置，都应装设安全防护装置。下列关于齿轮安全防护的做法中，错误的是（　　）。

A. 齿轮传动机构必须装有半封闭的防护装置

B. 齿轮防护罩的材料可利用有金属骨架的钢丝网制作

C. 齿轮防护罩应能方便地打开和关闭

D. 在齿轮防护罩开启的情况下机器不能启动

6. 机械安全防护措施包括防护装置、保护装置及其他补充保护措施。机械保护装置

通过自身的结构功能限制或防止机器的某种危险，实现消除或减小风险的目的。下列用于机械安全防护的机械装置中，不属于保护装置的是（　　）。

A. 联锁装置　B. 能动装置　C. 限制装置　D. 固定装置

7. 运动部件是金属切制机床安全防护的重点，当通过设计不能避免或不能充分限制危险时，应采取必要的安全防护装置，对于有行程距离要求的运动部件，应设置（　　）。

A. 限位装置　B. 缓冲装置
C. 超负荷保护装置　D. 防挤压保护装置

8. 冲压机是危险性较大的设备，从劳动安全卫生角度看，冲压加工过程的危险有害因素来自机电、噪声、振动等方面。下列冲压机的危险有害因素中，危险性最大的是（　　）。

A. 噪声伤害　B. 振动伤害　C. 机械伤害　D. 电击伤害

9. 压力机危险性较大，其作业区应安装安全防护装置，以保护暴露于危险区的人员安全。下列安全防护装置中，属于压力机安全保护控制装置的是（　　）。

A. 推手式安全装置　B. 拉手式安全装置
C. 光电式安全装置　D. 栅栏式安全装置

10. 锻造加工过程中，当红热的坯料、机械设备、工具等出现不正常情况时，易造成人身伤害。因此，在作业过程中必须对设备采取安全措施加以控制。关于锻造作业安全措施的说法，错误的是（　　）。

A. 外露传动装置必须有防护罩　B. 机械的突出部分不得有毛刺
C. 锻造过程必须采用湿法作业　D. 各类型蓄力器必须配安全阀

11. 在人机系统中，人始终处于核心地位并起主导作用，机器起着安全可靠的保障作用，分析研究人和机器的特性有助于建构和优化人机系统。关于机器特性的说法，正确的是（　　）。

A. 处理柔软物体比人强　B. 单调重复作业能力强
C. 修正计算错误能力强　D. 图形识别能力比人强

12. 木工平刨床的刀轴由刀轴主轴、侧刀片、侧刀体和压刀组成，装入刀片后的总成称为刨刀轴或刀轴。关于刀轴安全要求的说法，正确的是（　　）。

A. 组装后的侧刀片径向伸出量大于 1.1 mm
B. 刀轴可以是装配式圆柱形或方形结构
C. 组装后的刀轴须进行强度试验和离心试验
D. 刀体上的装刀槽应为矩形或方形结构

13. 消除或减少相关风险是实现机械安全的主要对策和措施，一般通过本质技术、安全防护措施、安全信息来实现。下列实现机械安全的对策和措施中，属于安全防护措施的是（　　）。

A. 采用易熔塞、限压阀　　B. 设置信号和警告装置
C. 采用安全可靠的电源　　D. 设置双手操纵装置

14. 在人机工程中，机器人与人之间的交流只能通过特定的方式进行，机器在特定条件下比人更加可靠。下列机器特性中，不属于机器可靠性特性的是（　　）。

A. 不易出错　　B. 固定不变
C. 难做精细的调整　　D. 出错则不易修正

15. 色彩对人的生理作用主要表现在对视觉疲劳的影响，下列颜色中，最容易引起眼睛疲劳的是（　　）。

A. 黄色　　B. 蓝色　　C. 绿色　　D. 红色

16. 根据人机特性的比较，为了充分发挥各自的优点，需要进行人机功能的合理分配。下列关于人机功能合理分配的说法中，正确的是（　　）。

A. 机器适合做指令和程序的编排工作
B. 机器适合做故障处理工作
C. 人适合承担研究、决策工作
D. 人适合处理复杂的工作

17. 安全人机工程运用人机工程学的理论和方法研究“人–机–环境”系统，并使三者在安全的基础上达到最佳匹配，人的心理特性是决定人的安全性的一个重要因素。下列人的特性中，不属于心理特性的是（　　）。

A. 能力　　B. 动机　　C. 情感　　D. 心率

18. 自动化系统的安全性主要取决于（　　）。

A. 人机功能分配的合理性，机器的本质安全及人为失误
B. 机器的本质安全性、机器的冗余系统是否失灵及人处于低负荷时应急反应变差
C. 机器的本质安全性、机器的冗余系统是否失灵及人为失误
D. 人机功能分配的合理性、机器的本质安全及人处于低负荷时应急反应变差

19. 下列对带锯机操纵机构的安全要求中，错误的是（　　）。

A. 启动按钮应设置在能够确认锯条位置状态，便于调节锯条的位置上
B. 启动按钮应灵敏、可靠，不应因接触振动等原因而产生误动作
C. 上锯轮机动升降机构与带锯机启动操纵机构不应进行联锁
D. 带锯机控制装置系统必须设置急停按钮

20. 铸造作业过程中存在诸多的不安全因素，因此应从工艺、建筑、除尘等方面采取安全技术措施。工艺安全技术措施包括：工艺布置、工艺设备、工艺方法、工艺操作。下列安全技术措施中，属于工艺方法的是（　　）。

A. 浇包盛铁水不得超过容积的 80%

B. 球磨机的旋转滚筒应设在全封闭罩内

C. 大型铸造车间的砂处理工段应布置在单独的厂房

D. 冲天炉熔炼不宜加萤石

21. 皮带传动的危险出现在皮带接头及皮带进入皮带轮的部位，通常采用金属骨架防护网进行防护。下列皮带传动系统的防护措施中，不符合安全要求的是（　　）。

A. 皮带轮中心距在 3 m 以上，采用金属骨架防护网进行防护

B. 皮带宽度在 15 cm 以上，采用金属骨架防护网进行防护

C. 皮带传动机构离地面 2 m 以下，皮带回转速度在 9 m/mim 以下，未设防护

D. 皮带传动机构离地面 2 m 以上，皮带轮中心距在 3 m 以下，未设防护

22. 机械包括单台机械、实现完整功能的机组或大型成套设备、可更换设备。下列机械中，属于大型成套设备的是（　　）。

A. 圆锯机　　B. 注塑机　　C. 起重机　　D. 组合机床

23. 离合器是操纵曲柄连杆机构的关健控制装置，在设计时应保证（　　）。

A. 任一零件失效可使其他零件联锁失效

B. 在执行停机控制动作时离合器立即接合

C. 刚性离合器可使滑块停止在运行的任意位置

D. 急停按钮动作应优先于其他控制装置

24. 使用冲压剪切机械进行生产活动时，存在多种危险有害因素并可能导致生产安全事故的发生。在冲压剪切作业中，常见的危险有害因素有（　　）。

A. 噪声危害、电气危险、热危险、职业中毒、振动危害

B. 机械危险、电气危险、辐射危险、噪声危害、振动危害

C. 振动危害、机械危险、粉尘危害、辐射危险、噪声危害

D. 机械危害、电气危险、热危险、噪声危害、振动危害

25. 常见职业的体力劳动强度分级与该作业人体代谢率密切相关，根据作业人体的能耗量、氧耗量、心率相对代谢率等指标，将体力劳动强度分为四级。关于体力劳动强度分级的说法，正确的是（　　）。

A. 手或者臂持续动作，如锯木头，属于Ⅰ级（轻劳动）

B. 臂或者躯干工作，如操作风动工具，属于Ⅱ级（重劳动）

C. 臂或者腿工作，如间断搬运中等重物，属于Ⅱ级（中等劳动）

D. 臂或者躯干负荷工作，如搬重物，属于Ⅳ级（极重劳动）

26. 为降低铸造作业安全风险，在不同工艺阶段应采取不同的安全操作措施。下列铸造作业各工艺阶段安全操作的注意事项中，错误的是（　　）。

A. 配砂时应注意钉子、铸造飞边等杂物伤人

B. 落砂清理时应在铸件冷却到一定温度后取出

C. 制芯时应设有相应的安全装置

D. 浇注时浇包盛铁水不得超过其容积的85%

27. 色彩可以从生理和心理两方面引起人的情绪反应，进而影响人的行为。关于色彩对人的心理和生理影响的说法，错误的是（　　）。

A. 色彩的生理作用主要体现在对人视觉疲劳的影响

B. 黄绿色和绿蓝色易导致视觉疲劳，但认读速度快

C. 蓝色和紫色最容易引起人眼睛的疲劳

D. 蓝色和绿色有一定降低血压和减缓脉搏的作用

28. 操作金属切削机床的危险大致存在两类。第一类是故障、能量中断、机械零件破损及其他功能紊乱造成的危险；第二类是安全措施错误、安全装置缺陷或定位不当造成的危险。下列金属切削机床作业的危险中，属于第二类危险的是（　　）。

A. 机床的互锁装置与限位装置失灵等引起的危险

B. 机床意外启动、进给装置超负荷工作等引起的危险

C. 机床部件、电缆、气路等连接错误引起的危险

D. 机床稳定性丧失、配重系统的元件破坏等引起的危险

29. 基于传统安全人机工程学理论，关于人与机器特性比较的说法，正确的是（　　）。

A. 在做精细调整方面，多数情况下机器会比人做得更好

B. 在环境适应性方面，机器能更好地适应不良环境条件

C. 机器虽可连续、长期地工作，但在稳定性方面不如人

D. 使用机器的一次性投资较低，但在寿命期限内的运行成本较高

30. 人的心理特性是安全心理学的主要研究内容。安全心理学的主要研究内容和范畴不包括（　　）。

A. 能力　　B. 需要与动机　　C. 体力　　D. 情绪与情感

31. 机械使用过程中的危险有害因素分为机械性有害因素和非机械性有害因素，下列选项中全部属于机械性危险有害因素的是（　　）。

A. 锋利的锯片、间距不够造成的挤压、高处存放物体的势能

B. 机械的质量分布不均、机械具有电气故障、存在危险温度

C. 强度不够导致的断裂、堆垛的坍塌、存在危险温度

D. 尖锐的刀片形状、机械具有电气故障、快速转动部件的动能

32. 2017 年 5 月 6 日，工人黄某跟随师傅吴某在工地大型混凝土拌和现场熟悉生产作业环境。师傅与人交谈时，黄某在拌和操作间内出于好奇触碰下料斗的启动按钮，致使下料斗口门打开，此时下料斗内一人王某正在处理料斗结块，斗口门的突然打开致使王某从 5 m 高的料斗口摔落至地面，并被随后落下的混凝土块砸中，经抢救无效死亡。导致此次事故发生的机械性危险有害因素有（　　）。

A. 料斗口锋利的边缘、机械强度不够导致的坍塌、料斗中的尖锐部位造成的形状伤害

B. 高处坠落的势能伤害、击中物体的动能伤害、坠落物体的挤压

C. 料斗口稳定性能丧失、机械强度不够导致的坍塌、电气故障

D. 高处坠落的势能伤害、料斗中的尖锐部位造成的形状伤害、料斗口稳定性能丧失

33. 机械设备存在不同程度的危险部位，在人操纵机械的过程中可能对人造成伤害。下列关于机械的危险部位防护说法，错误的是（　　）。

A. 对于无凸起的转动轴，光滑暴露部分可以装一个和轴可以互相滑动的护套

B. 对于有凸起的转动轴，可以使用固定式防护罩对其进行全封闭保护

C. 对于辊轴交替驱动的辊式输送机，可以在驱动轴的上游安装防护罩

D. 对于常用的牵引辊，可以安装钳型条通过减少间隙提供保护

34. 机械设备旋转的部件容易成为危险部位，下列关于机械旋转部件的说法中，正确的是（　　）。

A. 对向旋转式轧辊应采用全封闭式防护罩以保证操作者身体任何部位无法接触危险

B. 所有辊轴都是驱动轴的辊式输送机，发生卷入风险高，应安装带金属骨架的防护网

C. 轴流通风机的防护网孔尺寸既要能够保证通风，又要保证人体不受伤害

D. 不论径流通风机还是轴流通风机，管道内部是最有可能发生危险的部位

35. 带轮的机械设备是一类特殊的旋转机械，下列对于此类机械设备的说法中错误的是（　　）。

A. 啮合齿轮部件必须有全封闭的防护装置，且装置必须坚固可靠

B. 当有辐轮附属于一个转动轴时，最安全的方法是用手动驱动

C. 砂轮机的防护装置除磨削区附近，其余位置均应封闭

D. 啮合齿轮的防护罩应方便开启，内壁涂成红色，应安装电气联锁装置

36. 下列关于做直线运动的机械设备存在的危险有害因素说法中，正确的是（　）。

A. 砂带机的砂带应远离操作者的方向运动，具有止逆装置

B. 存在直线运动的带锯机，为方便操作，可将带锯条全部露出

C. 运动平板或滑枕达到极限位置时，端面距离和固定结构的间距不能小于 100 mm，以免造成挤压

D. 为了方便调整配重块的操作，可以将配重块大部分露出

37. 在齿轮传动机构中，两个齿轮开始啮合的部位是最危险的部位，不管啮合齿轮处于何种位置都应装设安全防护装置。下列关于齿轮安全防护的做法中，错误的是（　）。

A. 齿轮传动机构必须装有半封闭的防护装置

B. 齿轮防护罩的材料可利用有金属骨架的铁丝网制作

C. 齿轮防护罩应能方便地打开和关闭

D. 在齿轮防护罩开启的情况下，机器不能启动

38. 皮带传动的危险出现在皮带接头及皮带进入皮带轮的部位，通常采用金属焊接的防护网进行防护。下列皮带传动系统的防护措施中，符合安全要求的是（　）。

A. 皮带传动安装了金属焊接的防护网，金属网与皮带的距离为 35 mm

B. 皮带宽度在 15 cm 以上，采用金属焊接的防护网进行防护

C. 皮带传动机构离地面 2 m 以下，皮带回转速度在 9 m/min 以上，未设防护

D. 传动机构离地面 2 m 以上，皮带轮中心距在 3 m 以下，未设防护

39. 为了实现人在操纵机械时不发生伤害，提出了诸多实现机械安全的途径与对策，其中最重要的三个步骤的顺序是（　）。

A. 使用安全信息——提供安全防护——实现本质安全

B. 提供安全防护——使用安全信息——实现本质安全

C. 实现本质安全——使用安全信息——提供安全防护

D. 实现本质安全——提供安全防护——使用安全信息

40. 下列实现机械安全的途径与对策措施中，不属于本质安全措施的是（　）。

A. 通过加大运动部件的最小间距，使人体相应部位可以安全进入，或通过减少安全间距，使人体任何部位不能进入

B. 系统的安全装置布置高度符合安全人机工程学原则

C. 改革工艺，减少噪声、振动，控制有害物质的排放

D. 冲压设备的施压部件安设挡手板，保证人员不受伤害

41. 下列关于安全防护装置的选用原则和常见的补充保护措施的说法，错误的是（　）。

A. 机械正常运行期间操作者不需要进入危险区域的场合，可优先选择止－动操纵装置或双手操纵装置

B. 正常运行时需要进入的场合，可采用联锁装置、自动停车装置、双手操纵装置

C. 急停装置是补充安全措施，不应削弱安全装置或与安全功能有关装置的效能

D. 急停装置启动后应保持接合状态，手动重调之前不可能恢复电路

42. 安全信息的使用是工作场所一项重要的提示性安全技术措施，能够让操作人员意识到危险的存在和级别，同时也是安全工作可视化管理的一项重要措施。下列关于安全信息的使用说法，正确的是（　　）。

A. 安全信息的使用强度顺序由弱到强分别是安全标志、安全色、警告信号、报警器

B. 文字、图形应准确无误，文字信息应采用生产机器的国家的语言

C. 文字信息应优先于安全标志和图形符号

D. 安全色的使用不能取代防范事故的其他安全措施

43. 国际通用的指示性安全色为红色、黄色、蓝色、绿色，下列关于这四种安全色所对应的功能说法连接正确的是（　　）。

A. 红色——提示　B. 绿色——指示　C. 蓝色——指示　D. 黄色——禁止

44. 生产厂区和生产车间的通道是保证企业正常生产运输的关键，也是发生安全生产事故时最主要的撤离路径，下列关于机械制造厂区及车间通道的说法中，错误的是（　　）。

A. 主要生产区的道路应环形布置，近端式道路应有便捷的消防车回转场地

B. 车间内横向主要通道宽度不小于 2 000 mm，次要通道宽度不小于 1 000 mm

C. 主要人流与货流通道出入口分开设置，不少于 1 个出入口

D. 工厂铁路不宜与主干道交叉

45. 金属切削机床的风险有很多，有非机械风险如粉尘、热辐射等，但机械风险主要来自两个方面：① 故障、能量中断、机械零件破损及其他功能紊乱造成的危险；② 安全措施错误、安全装置缺陷或定位不当造成的危险。下列各种情况属于第二类危险的是（　　）。

A. 由于机床动力中断或动力波动造成机床误动作

B. 金属切削机床加工过程中，工件意外甩出造成工人的机械伤害

C. 机床的配重系统故障引起机床倾覆

D. 气动排气装置装反，气流将碎屑吹向操纵者

46. 2016 年 10 月 30 日，某高校女生李某在进行学校布置的金工实习金属切削机床的有关操作时，由于未正确绑扎所戴的工作帽，造成长发滑落，被高速旋转的主轴带入，造成了严重的机械伤害。根据以上描述，可判断导致此次事故发生的主要机械危险是（　　）。

A. 机床部件的挤压、冲击、剪切危险
B. 机床部件碾扎的危险
C. 做回转运动的机械部件卷绕和绞缠
D. 滑倒、绊倒跌落危险

47. 在安全人机工程学领域，对防护罩的开口尺寸有着严格的要求，依照《机械安全 防止上下肢触及危险区的安全距离》（GB 23821—2009）和《机械安全 避免人体各部位挤压的最小间距》（GB 12265.3—1997）的标准要求，下列说法中正确的是（　　）。

A. 开口尺寸为 4 mm，与旋转部件之间的距离为 5 mm 的防护网能够防止手指被机械伤害
B. 开口尺寸为 20 mm，与旋转部件之间的距离为 20 mm 的防护网能够防护指尖到关节处被机械伤害
C. 开口尺寸表示方形的边长、圆形开口的半径长度要求
D. 对于槽型开口的网孔，开口尺寸表示槽型开口的最宽处

48. 砂轮机是用来刃磨各种刀具、工具的常用设备。砂轮机除了具有磨削机床的某些共性要求外，还具有转速高、结构简单、适用面广、一般为手工操作等特点。下列关于砂轮机的安全要求中，说法错误的是（　　）。

A. 端部螺纹应满足放松脱紧固要求，旋转方向与砂轮工作方向相同，砂轮机应标明旋转方向
B. 砂轮卡盘直径不得小于砂轮直径的 1/3，切断用砂轮卡盘直径不得小于砂轮直径的 1/4，卡盘各表面平滑无锐棱，夹紧装配后，与砂轮机接触的环形压紧面应平整、不得翘曲
C. 防护罩的总开口角度不大于 90°，在主轴水平面以上开口角度不超过 65°
D. 砂轮与工件托架之间的距离最大不应超过 3 mm

49. 操作金属切削机床的危险大致存在两类。第一类是故障、能量中断、机械零件破损及其他功能紊乱造成的危险；第二类是安全措施错误、安全装置缺陷或定位不当造成的危险。下列金属切削机床作业的危险中，属于第二类危险的是（　　）。

A. 机床的互锁装置与限位装置失灵等引起的危险
B. 机床意外启动、进给装置超负荷工作等引起的危险
C. 机床部件、电缆、气路等连接错误引起的危险
D. 机床稳定性丧失、配重系统的元件破坏等引起的危险

50. 下列关于全自动化控制的人机系统的说法，正确的是（　　）。

A. 人在系统中充当全过程的操作者和控制者
B. 机器的运转完全依赖于人的控制

C. 以人为主体，即人必须在全过程中进行管理或干预

D. 以机为主体，人只是监视者和管理者

51. 色彩可以引起人的情绪性反应，也影响人的疲劳感。对引起眼睛疲劳而言，（　　）最不易引起视觉疲劳且认读速度快、准确率高。

A. 蓝、紫色　　B. 红、橙色　　C. 红、蓝色　　D. 黄绿、绿蓝色

二、多项选择题

1. 区别于 3D 打印造型，金属铸造是一种传统的金属热加工造型工艺，主要包括砂处理、造型、金属熔炼、浇铸、铸件处理等工序。关于铸造工艺安全健康措施的说法，正确的有（　　）。

A. 铸造工艺用球磨机的旋转滚筒应设在全密闭罩内

B. 铸造车间应布置在厂区不释放有害物质的生产建筑物的上风侧

C. 铸造用熔炼炉的烟气净化设备宜采用干式高效除尘器

D. 铸造工艺用压缩空气的气罐、气路系统应设置限位、联锁和保险装置

E. 铸造工艺用颚式破碎机的上部直接给料，落差小于 1 m 时，可只做密闭罩而不排风

2. 冲压设备的安全装置有机械式、光电式等多种形式。下列安全装置中，属于机械式的有（　　）安全装置。

A. 推手式　　B. 双手按钮式

C. 拉手式　　D. 摆杆护手式

E. 感应式

3. 金属切削机床是用切削方法将毛坯加工成机器零件的装备。下列选项中属于金属切削机床易造成机械性伤害的危险部位或危险部件的有（　　）。

A. 旋转部件和内旋转咬合部件

B. 往复运动部件和突出较长的部件

C. 工作台与滑鞍之间

D. 锋利的切削刀具

E. 操作开关与刀闸

4. 在无法通过设计达到本质安全时，为了消除危险，应补充设计安全装置。设计安全装置时必须考虑的因素有（　　）。

A. 有足够的强度、刚度和耐久性

B. 不能影响机器运行的可靠性

C. 不应影响对机器危险部位的可视性

D. 一律用绝缘材料制作
E. 一律用金属材料制作

5. 带传动机构具有一定的风险。下图为带传动机构示意图，图上标示了 A、B、C、D、E 五个部位，其中属于危险部位的有（　　）。

A. A　　B. B　　C. C　　D. D　　E. E

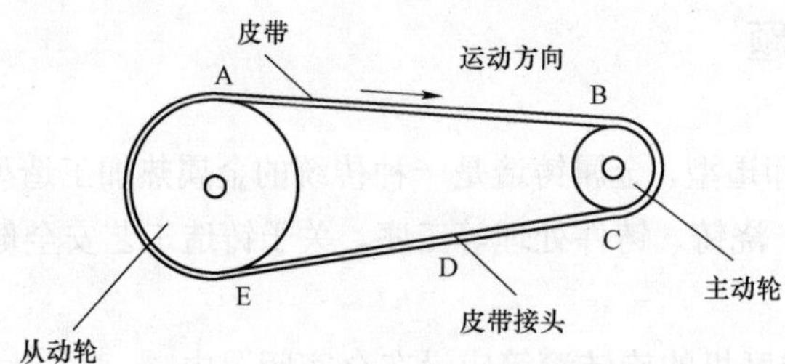

6. 锻造机械的结构不但应保证设备运行中的安全，而且应能确保安装、拆卸和检修等环节的人身安全。因此，在锻造机械上采取了很多安全措施，保证操作人员的安全。关于锻造机械安全技术措施的说法，正确的有（　　）。

A. 启动装置的结构应能防止锻造机械意外动作
B. 大修后的锻造设备可以直接使用
C. 高压蒸汽管道上必须装有安全阀和凝结罐
D. 模锻锤的脚踏板应置于挡板之上
E. 安全阀的重锤必须封在带锁的锤盒内

7. 人机功能分配指根据人和机器各自的长处和局限性，把人机系统中的任务分解，合理分配给人和机器去承担，使人与机器能够取长补短，相互匹配和协调，使系统安全、经济、高效地完成人和机器往往不能单独完成的工作任务。根据人机特性和人机功能分配的原则，下列人机系统的工作中，适合人来承担的有（　　）。

A. 系统运行的监督控制　　B. 机器设备的维修与保养
C. 长期连续不停的工作　　D. 操作复杂的重复工作
E. 意外事件的应急处理

8. 木工平刨床操作危险区必须设置可以遮盖刀轴防止切手的安全防护装置，常指键式、护罩或护板等形式，控制方式有机械式、光电式、电磁式、电感应式。下列对平刨床遮盖式安全装置的安全要求中，正确的有（　　）

A. 安全装置应涂耀眼的颜色，以引起操作者的注意
B. 非工作状态下，护指键（或防护罩）必须在工作台面全宽度上盖住刀轴
C. 安全装置闭合时间不得小于规定的时间
D. 刨削时仅打开与工件等宽的相应刀轴部分，其余的刀轴部分仍被遮盖

E. 整体护罩或全部护指键应承受规定的径向压力

9. 旋转机械的运动部分是最容易造成卷入危险的部位，为此，应针对不同类型的机械采取不同的防护措施以减少卷入危险的发生。下列针对机械转动部位的防卷入措施的要求中，正确的有（　　）。

A. 无凸起光滑的轴旋转时存在将衣物挂住，并将其缠绕进去的危险，故应在其暴露部分安装护套

B. 对于有凸起部分的转动轴，其凸起物能挂住衣物和人体，故这类轴应做全面固定封闭罩

C. 对于对旋式轧辊，即使相邻轧辊的间距很大，也有造成手臂等被卷入的危险，应设钳型罩防护

D. 对于辊轴交替驱动辊式输送机，应在运动辊轴的上游安装防护罩

E. 通过牵引辊送料时，为防止卷入，应采取在开口处安装钳型条、减小开口尺寸的方式进行防护

10. 砂轮装置由砂轮、主轴、卡盘、垫片、紧固螺母组成，如下图所示。砂轮装置安全防护的重点是砂轮，砂轮的安全与主轴和卡盘等组成部分的安全技术措施直接相关。下列针对砂轮主轴和卡盘的安全要求中，正确的有（　　）。

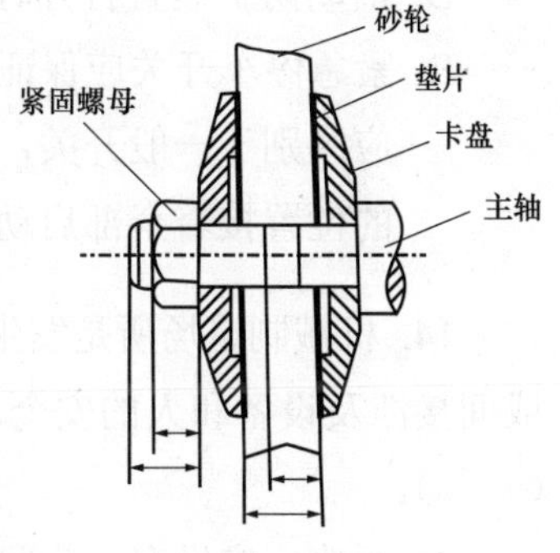

砂轮装置结构图

A. 卡盘与砂轮侧面的非接触部分应有小于 1.5 mm 的间隙

B. 一般用途砂轮卡盘直径不得小于砂轮直径的 1/3

C. 主轴端部螺纹应足够长，保证整个螺母旋入压紧

D. 主轴螺纹部分延伸到紧固螺母的压紧面内，但不得超过砂轮最小厚度内孔长度的 1/2

E. 砂轮主轴螺纹旋向与砂轮工作时旋转方向相同

11. 在人和危险源之间构成安全保护屏障是安全防护装置的基本功能，为此，安全防护装置应满足与其保护功能相适应的要求。下列对安全防护装置的要求中，正确的有（　　）。

A. 安全防护装置在机器的使用寿命内应能良好地执行其功能并保证其可靠性

B. 安全防护装置零部件应有足够的强度和刚度

C. 安全防护装置应容易拆卸

D. 采用安全防护装置可以增加操作难度或强度

E. 安全防护装置不应增加任何附加危险

12. 根据人与机器各方面特性的差别，可以有效地进行人机功能的分配，进而高效地

实现系统效能。关于依据人机特点进行功能分配的说法，正确的是（ ）

A. 机器的持续性、可靠性优于人，故可将需要长时间、可靠作业的事交由机器处理

B. 人的环境适应性优于机器，故难以将一些恶劣、危险环境下的工作赋予机器完成

C. 机器探测物理化学因素的精确程度优于人，但在处理柔性物体或多因素联合问题上的能力则较差

D. 人能运用更多不同的通道接受信息，并能更灵活地处理信息，机器则常按程序处理问题

E. 传统机器的学习和归纳能力不如人类，因此针对复杂问题的决策，目前仍然需要人的干预

13. 下列关于对机械安全防护装置的要求中，正确的有（　　）。

A. 安全防护装置应不得有锐利的边缘，不得成为新的危险源

B. 安全防护装置应设置在进入危险区的唯一通道上，使人不能绕过防护装置接触危险

C. 固定式防护装置应牢固地固定在地上，用专用工具方可打开或拆除

D. 活动防护装置打开时尽量铰链相连，防止防护装置丢失

E. 紧急停车开关应保证瞬时动作时，能终止设备的一切运动；紧急停车开关的形状应区别于一般开关，颜色为蓝色，设备由紧急停车开关停止运动后，可以从原来的位置接着全部启动

14. 机械制造场所是发生机械伤害最多的地方，因此，机械制造车间的状态安全直接或间接涉及设备和人的安全。下列关于机械制造生产车间安全技术的说法中，正确的是（　　）。

A. 采光：应设有一般照明和局部照明，安全照明的照度标准值另有规定的除外，不低于该场所一般照明照度标准值的 10%

B. 通道：冷加工车间，人行通道宽度不得小于 1 m

C. 设备布局：小型机床操作面间距必须大于 1.1 m，机床距离后墙的距离大于 0.8 m

D. 物料堆放：当物资直接存放在地面上时，堆垛高度不应超过 1.4 m，且高与底边长之比不应大于 1

E. 噪声：中小型机床的噪声极限不得超过 85 dB

15. 作业场所的采光、物资堆放和安全防护装置的安装都应符合作业现场安全卫生规程要求，下列情况符合作业现场安全卫生规程要求的是（　　）。

A. 卧式机床操作车间的照明分为一般照明和局部照明，除保证整个车间的照度外，还安装了机床的床头灯作为局部照明

B. 所有车间应配置必要的消防器材，消防器材前方不准堆放物品和杂物，用过的灭火器应按照规定放回原处，以备下次使用

C. 机床设防止切屑、磨削和冷却液飞溅的防护挡板，重型机床高于 500 mm 的操作平台周围设高度不低于 1 050 mm 的防护栏杆

D. 产生危害物质排放的设备处于敞开状态，利于通风

E. 噪声设备宜相对集中，布置在厂房的端头，尽可能设置隔声窗或隔声走廊

16. 金属切削机床是生产制造型工厂中同时具有卷入与绞碾、电气伤害与飞出物打击伤害的多种机械伤害因素于一体的机械设备，因此需要妥帖的安全防护措施。下列关于机床的基本防护措施的说法中，错误的是（　　）。

A. 有惯性冲击的机动往返运动部件应设置缓冲装置，可能脱落的零部件必须加以紧固

B. 对于机床中具有单向旋转特征的部件，在防护罩内壁标注出转动方向

C. 手工清除废屑，应用专用工具，当工具无法企及废屑时，应用吹风机或人工吹气将其吹到工具可以企及的地方再进行清理

D. 金属切削机床应有有效的除尘装置，机床附近的粉尘浓度不超过 10 mg/m³

E. 当可能坠落的高度超过 500 mm 时应安装防护栏及防护板等

17. 砂轮机是用来刃磨各种刀具、工具的常用设备，也用作普通小零件进行磨削、去毛刺及清理等工作。因其大部分工作需要手工配合完成，因此对操作砂轮机的安全使用有着较为严格的规定。下列操作中符合砂轮机安全操作规程的情况有（　　）。

A. 张某是砂轮机熟练操作工，为更快完成加工，将砂轮机旋转速度调至仅超过砂轮机最高转速的 5%

B. 李某是砂轮机操作的初学者，为避免磨削过程中的飞溅物，站在砂轮机的斜前方进行操作

C. 宋某是磨削车间的检修人员，在安装新的砂轮前核对了砂轮主轴的转速，在更换新砂轮时进行了必要的验算

D. 王某和杨某各使用同一台砂轮机的左右轮同时进行磨削，以保证砂轮机稳定

E. 李某操作砂轮机时用砂轮的圆周表面进行工件的磨削

18. 旋转机械的运动部分是最容易造成卷入危险的部位，为此，应针对不同类型的机械采取不同的防护措施以减少卷入危险的发生。下列针对机械转动部位的防卷入措施的要求中，正确的有（　　）。

A. 无凸起光滑的轴旋转时存在将衣物挂住，并将其缠绕进去的危险，故应在其暴露部分安装护套

B. 对于有凸起部分的转动轴，其凸起物能挂住衣物和人体，故这类轴应做全面固定

封闭罩

C. 对于辊轴交替驱动辊式输送机，应在运动辊轴的上游安装防护罩

D. 对于对旋式轧辊，即使相邻轧辊的间距很大，也有造成手臂等被卷入的危险，应设钳型罩防护

E. 通过牵引辊送料时，为防止卷入，应采取在开口处安装钳型条、减小开口尺寸的方式进行防护

19. 砂轮装置由砂轮、主轴、卡盘、垫片、紧固螺母组成。砂轮装置安全防护的重点是砂轮，砂轮的安全与主轴和卡盘等组成部分的安全技术措施直接相关。下列针对砂轮主轴和卡盘的安全要求中，正确的有（　　）。

A. 卡盘与砂轮侧面的非接触部分应有小于 1.5 mm 的间隙

B. 一般用途砂轮卡盘直径不得小于砂轮直径的 1/3

C. 主轴端部螺纹应足够长，保证整个螺母旋入压紧

D. 主轴螺纹部分延伸到紧固螺母的压紧面内，但不得超过砂轮最小厚度内孔长度的 1/2

E. 砂轮主轴螺纹旋向与砂轮工作时旋转方向相同

20. 在人和危险源之间构成安全保护屏障是安全防护装置的基本功能，为此，安全防护装置应满足与其保护功能相适应的要求。下列对安全防护装置的要求中，正确的有（　　）。

A. 安全防护装置在机器的使用寿命内应能良好地执行其功能并保证其可靠性

B. 安全防护装置零部件应有足够的强度和刚度

C. 安全防护装置应容易拆卸

D. 采用安全防护装置可以增加操作难度或强度

E. 安全防护装置不应增加任何附加危险

21. 金属切削机床是用切削方法将毛坯加工成机器零件的设备，其危险因素包括静止部件的危险因素和运动部件的危险因素，如控制不当，就可能导致伤害事故的发生。为避免金属切削机床机械伤害事故发生，常采用的安全措施有（　　）。

A. 零部件装卡牢固

B. 用专用工具，戴护目镜

C. 尾部安装防弯装置

D. 及时维修安全防护、保护装置

E. 操作人员必须远离机床

第二章电气安全技术精选题库

一、单项选择题

1. 下列关于雷电破坏性的说法中，错误的是（　　）。

A. 直击雷具有机械效应、热效应

B. 闪电感应不会在金属管道上产生雷电波

C. 雷电劈裂树木系雷电流使树木中的气体急剧膨胀或水汽化所导致

D. 雷击时电视和通信信号受到干扰，源于雷击产生的静电场突变和电磁辐射

2. 接地是防止静电事故最常用、最基本的安全技术措施。由于静电本身的特点，静电接地与电气设备接地的技术要求有所不同。下列做法中，不符合静电接地技术要求的是（　　）。

A. 将现场所有不带电的金属杆连接成整体

B. 装卸工作开始前先连接接地线，装卸工作结束后才能拆除接地线

C. 使防静电接地电阻越小越好

D. 防静电接地在一定情况下可与电气设备的接地共用

3. 电气设备的防触电保护可分成5类，各类设备使用时对附加安全措施的装接要求不同。下列关于电气设备装接保护接地的说法中，正确的是（　　）。

A. 0Ⅰ类设备必须装接保护接地

B. Ⅰ类设备可以装接也允许不装接保护接地

C. Ⅱ类设备必须装接保护接地

D. Ⅲ类设备应装接保护接地

4. 绝缘油是可燃液体，储油电气设备的绝缘油在高温电弧作用下气化和分解，喷出大量油雾和可燃气体，在一定条件下能引起空间爆炸。因此，对储油电气设备应特别注意其防火防爆问题。下图所示的四种电气设备中，内部有油的电气设备是（　　）。

A. 干式变压器　　　　B. 电缆头
C. 自耦减压起动器　　　　D. 电动机

5. 安全电压额定值的选用要根据使用环境和使用方式等因素确定。对于金属容器内、特别潮湿处等特别危险环境中使用的手持照明灯，应采用的安全电压是（　　）V。

A. 12　　B. 24　　C. 36　　D. 42

6. 雷击有电性质、热性质、机械性质等多方面的破坏作用，并产生严重后果，对人的生命、财产构成很大的威胁。下列各种危险危害中，不属于雷击危险危害的是（　　）。

A. 引起变压器严重过负载　　　　B. 烧毁电力线路
C. 引起火灾和爆炸　　　　D. 使人遭受致使电击

7. 电气隔离是指工作回路与其他回路实现电气上的隔离。其安全原理是在隔离变压器的二次侧构成了一个不接地的电网，防止在二次侧工作的人员被电击。关于电气隔离技术的说法，正确的是（　　）。

A. 隔离变压器一次侧应保持独立，隔离回路应与大地有连接
B. 隔离变压器二次侧线路电压高低不影响电气隔离的可靠性
C. 为防止隔离回路中各设备相线漏电，各设备金属外壳采用等电位接地
D. 隔离变压器的输入绕组与输出绕组没有电气连接，并具有双重绝缘的结构

8. 电气设备运行过程中如果散热不良或发生故障，可能导致发热量增加、温度升高、达到危险温度，关于电动机产生危险温度的说法，正确的是（　　）。

A. 电动机卡死导致电动机不转，造成无转矩输出，不会产生危险温度
B. 电动机长时间运转，导致铁芯涡流损耗和磁滞损耗增加，产生危险温度
C. 电动机长时间运转，由于风扇损坏、风道堵塞，导致电动机产生危险温度
D. 电动机运转时连轴节脱离，造成负载转矩过大，导致电动机产生危险温度

9. 良好的绝缘是保证电气设备和线路正常运行的必要条件，也是防止触及带电体的安全保障。关于绝缘材料性能的说法，正确的是（　　）。

A. 绝缘材料的耐热性能用最高工作温度表征
B. 绝缘材料的介电常数越大极化过程越慢
C. 有机绝缘材料的耐弧性能优于无机材料
D. 绝缘材料的绝缘电阻相当于交流电阻

10. 间接接触触电是在故障状态下或接触外带电的带电体时发生的触电。下列触电事故中，属于间接接触触电的是（　　）。

A. 小张在带电更换空气开关时，由于使用改锥不规范造成触电事故
B. 小李清扫配电柜的电闸时，使用绝缘的毛刷清扫，由于精力不集中造成触电事故

C. 小赵在配电作业时，无意中触碰带电导线的裸露部分发生触电事故

D. 小王使用手持电动工具时，由于使用时间过长绝缘破坏造成触电事故

11. 下列爆炸危险环境电气防火防爆技术的要求中，正确的是（　　）。

A. 在危险空间充填清洁的空气，防止形成爆炸性混合物

B. 隔墙上与变、配电室连通的沟道、孔洞等，应使用难燃性材料严密封堵

C. 设备的金属部分、属管道及建筑物的金属结构必须分别接地

D. 低压侧断电时，应先断开闸刀开关，再断开电磁起动器或低压断路器

12. 保护接地是将低压用电设备金属外壳直接接地，适用于 IT 和 TT 系统三相低压配电网，关于 IT 和 TT 系统保护接地的说法，正确的是（　　）。

A. IT 系统低压配电网中，由于单相接地电流很大，只有通过保护接地才能把漏电设备对地电压限制在安全范围内

B. IT 系统低压配电网中，电气设备金属外壳直接接地，当电气设备发生漏电时，造成该系统零点漂移，使中性线带电

C. TT 系统中应设自动切断漏电故障的漏电保护装置，所以装有漏电保护装置的电气设备的金属外壳可以不接保护接地线

D. TT 系统低压配电网中，电气设备金属外壳直接接地，当电气设备发生漏电时，造成控制电气设备空气开关跳闸

13. 工艺过程中产生的静电可能引起爆炸和火灾，也可能给人以电击，还可能妨碍生产。下列燃爆事故中，属于静电因素引起的是（　　）。

A. 实验员小王忘记关氢气阀门，当他取出金属钠放在水中时产生火花发生燃爆

B. 实验员小李忘记关氢气阀门，当他在操作台给特钢做耐磨试验过程中发生燃爆

C. 司机小张跑长途时用塑料桶盛装汽油备用，当他开到半路给汽车加油瞬间发生燃爆

D. 维修工小赵未按规定穿防静电服维修天然气阀门，当用榔头敲击钎子瞬间发生燃爆

14. 触电防护技术包括屏护、间距、绝缘、接地等，屏护是采用护罩、护盖、栅栏、箱体、遮拦等将带电体与外界隔绝。下列针对用于触电防护的户外栅栏的高度要求中，正确的是（　　）。

A. 户外栅栏的高度不应小于 1.2 m　　B. 户外栅栏的高度不应小于 1.8 m

C. 户外栅栏的高度不应小于 2.0 m　　D. 户外栅栏的高度不应小于 1.5 m

15. 接地装置是接地体和接地线的总称，运行中的电气设备的接地装置要保持在良好状态。关于接地装置技术要求的说法，正确的是（　　）。

A. 自然接地体应由三根以上导体在不同地点与接地网相连

B. 三相交流电网的接地装置采用角钢作接地体，埋于地下不超过 50 mm

C. 当自然接地体的接地电阻符合要求时，可不敷设人工接地体

D. 为了减小自然因素对接地电阻的影响，接地体上端离地面深度不应小于 10 mm

16. 漏电保护装置主要用于防止间接接触电击和直接接触电击。关于装设漏电保护装置要求的说法，正确的是（　）

A. 使用特低电压供电的电气设备，应安装漏电保护装置

B. 医院中可能直接接触人体的电气医用设备，应设漏电保护装置

C. 一般环境条件下使用Ⅲ类移动式电气设备，应装设漏电保护装置

D. 隔离变压器且二次侧为不接地系统供电的电气设备，应装设漏电保护装置

17. 安全电压是在一定条件下，一定时间内不危及生命安全的安全电压额定值。关于安全电压限制和安全电压额定值的说法，正确的是（　）。

A. 潮湿环境中工频安全电压有效值的限值为 16 V

B. 隧道内工频安全电压有效值的限值为 36 V

C. 金属容器内的狭窄环境应采用 24 V 安全电压

D. 存在电击危险的环境照明灯应采用 42 V 安全电压

18. 低压电器可分为控制电器和保护电器。保护电器主要用来获取、转换和传递信号，并通过其他电器实现对电路的控制。关于低压电器工作原理的说法，正确的是（　）。

A. 熔断器是串联在线路上的易熔元件，遇到短路电流时迅速熔断来实施保护

B. 热继电器的作用是当热元件温度达到设定值时迅速动作，并通过控制触头断开控制电路

C. 由于热继电器和热脱扣器的热容量较大，动作延时也较大，只宜用于短路保护

D. 在生产冲击电流的线路上，串联在线路上的熔断器可用作过载保护元件

19. 防爆电气设备的标志包含型式、等级、类别和组别，应设置在设备外部主体部分的明显地方，且应在设备安装后能清楚看到。标志“Ex dⅢB T3 Gb”的正确含义是（　）。

A. 增安型“d”，防护等级为 Gb，用于 T3 类ⅡB 组的爆炸性气体环境的防爆电气设备

B. 浇封型“d”，防护等级为 T3，用于 Gb 类ⅡB 组的爆炸性气体环境的防爆电气设备

C. 隔爆型“d”，防护等级为 Gb，用于ⅡB 类 T3 组的爆炸性气体环境的防爆电气设备

D. 本安型“d”，防护等级为ⅡB，用于 T3 类 Gb 组的爆炸性气体环境的防爆电气设备

20. 雷电是大气中的一种放电现象，具有电性质、热性质和机械性质等三方面的破坏作用。下列雷击导致的破坏现象中，属于电性质破坏作用的是（　　）。

A. 直击雷引燃可燃物　　B. 雷击导致被击物破坏

C. 毁坏发电机的绝缘　　D. 球雷侵入引起火灾

21. 兆欧表是测量绝缘电阻的一种仪表。关于使用兆欧表测量绝缘电阻的说法，错误的是（　　）。

A. 被测量设备必须断电

B. 测量应尽可能在设备停止运行，冷却后进行

C. 对于有较大电容的设备，断电后还必须充分放电

D. 对于有较大电容的设备，测量后也应进行放电

22. 良好的绝缘是保证电气设备和线路正常运行的必要条件，当绝缘材料上的电场强度高于临界值时，绝缘材料发生破裂或分解，电流急剧增加，完全失去绝缘性能，导致绝缘击穿。关于绝缘击穿的说法，正确的是（　　）。

A. 气体绝缘击穿后绝缘性能会很快恢复

B. 液体绝缘的击穿特性与其纯净度无关

C. 固体绝缘的电击穿时间较长、击穿电压较低

D. 固体绝缘的热击穿时间较短、击穿电压较高

23. 建筑物防雷分类是指按建筑物的重要性、生产性质、遭受雷击的可能性和后果的严重性所进行的分类。下列建筑物防雷分类中，正确的是（　　）。

A. 电石库属于第三类防雷建筑物

B. 乙炔站属于第二类防雷建筑物

C. 露天钢质封闭气罐属于第一类防雷建筑物

D. 省级档案馆属于第三类防雷建筑物

24. 保护导体包括保护接地线、保护接零线和等电位连接线。下列对保护导体截面积的要求中，正确的是（　　）。

A. 没有机械防护的 PE 线截面积不得小于 10.0 mm^2

B. 有机械防护的 PE 线截面积不得小于 2.5 mm^2

C. 铜质 PEN 线截面积不得小于 16.0 mm^2

D. 铝质 PEN 线截面积不得小于 25.0 mm^2

25. 变压器的中性点不接地系统采取的保护接地系统简称 IT 系统，适用于各种不接地配电网。在 380 V 不接地低压系统中，保护接地电阻最大不应超过（　　）。

A. 10 Ω　　B. 2 Ω　　C. 1 Ω　　D. 4 Ω

26. 工艺过程中产生的静电可能引起爆炸、火灾、电击，还可能妨碍生产。关于静电防护的说法，错误的是（　　）。

A. 限制管道内物料的运行速度是静电防护的工艺措施

B. 增湿的方法不宜用于消除高温绝缘体上的静电

C. 接地的主要作用是消除绝缘体上的静电

D. 静电消除器主要用来消除非导体上的静电

27. 保护接零是为了防止电击事故而采取的安全措施，在变压器的中性点接地系统中，当某相带电体碰连设备外壳时，可能造成电击事故。关于保护接零的说法，正确的是（　　）。

A. 保护接零能将漏电设备上的故障电压降低到安全范围以内，但不能迅速切断电源

B. 保护接零既能将漏电设备上的故障电压降低到安全范围以内，又能迅速切断电源

C. 保护接零既不能将漏电设备上的故障电压降低到安全范围以内，也不能迅速切断电源

D. 保护接零一般不能将漏电设备上的故障电压降低到安全范围以内，但可以迅速切断电源

二、多项选择题

1. 电流的热效应、化学效应、机械效应对人体的伤害有电烧伤、电烙印、皮肤金属化等多种。下列关于电流伤害的说法中，正确的有（　　）。

A. 不到 10 A 的电流也可能造成灼伤

B. 电弧烧伤也可能发生在低压系统

C. 短路时开启式熔断器熔断，炽热的金属微粒飞溅出来不至于造成灼伤

D. 电光性眼炎表现为角膜炎、结膜炎

E. 电流作用于人体使肌肉非自主地剧烈收缩可能产生伤害

2. 不同爆炸危险环境应选用相应等级的防爆设备。爆炸危险场所分级的主要依据有（　　）。

A. 爆炸危险物出现的频繁程度　　B. 爆炸危险物出现的持续时间

C. 爆炸危险物释放源的等级　　D. 电气设备的防爆等级

E. 现场通风等级

3. 电击分为直接接触电击和间接接触电击，针对电击的类型应当采取相应的安全技术措施。下列说法中，属于直接接触电击的有（　　）。

A. 电动机漏电，手指直接碰到电动机的金属外壳

B. 起重机碰高压线，挂钩工人遭到电击

C. 电动机接线盒盖脱落，手持金属工具碰到接线盒内的接线端子

D. 电风扇漏电，手背直接碰到电风扇的金属护网

E. 检修工人手持电工工具割破带电的导线

4. 电气火灾爆炸是由电气引燃源引起的火灾和爆炸。电气引燃源中形成危险温度的原因有：短路、过载、漏电、散热不良、机械故障、电压异常、电磁辐射等。下列情形中，属于因过载和机械故障形成危险温度的有（　　）。

A. 电气设备或线路长期超设计能力超负荷运行

B. 交流异步电动机转子被卡死或者轴承损坏

C. 运行中的电气设备或线路发生绝缘老化和变质

D. 电气线路或设备选型和设计不合理，没考虑裕量

E. 交流接触器分断时产生电火花

5. 触电事故分为电击和电伤。电击是电流直接作用于人体所造成的伤害；电伤是电流转换成热能、机械能等其他形式的能量作用于人体造成的伤害。人触电时，可能同时遭到电击和电伤。电击的主要特征有（　　）。

A. 致命电流小

B. 主要伤害人的皮肤和肌肉

C. 人体表面受伤后留有大面积明显的痕迹

D. 受伤害的严重程度与电流的种类有关

E. 受伤害程度与电流的大小有关

6. 就危害程度而言，雷电灾害是仅次于暴雨洪涝、气象地质灾害的第三大气象灾害。我国每年将近 1 000 人遭雷击死亡。雷击的破坏性与其特点有紧密关系，下列有关雷电特点的说法中，正确的有（　　）。

A. 雷电流幅值可达数十千安至数百千安

B. 每一次雷击放电的能量很大

C. 雷击时产生的冲击过电压很高

D. 雷电流陡度很大，即雷电流随时间上升的速度很高

E. 每次雷击放电的时间很短

7. 爆炸危险环境的电气设备和电气线路不应产生能构成引燃源的火花、电弧或危险温度。下列对防爆电气线路的安全要求中，正确的有（　　）

A. 当可燃物质比空气重时，电气线路宜在较高处敷设或在电缆沟内敷设

B. 在爆炸性气体环境内 PVC 管配线的电气线路必须做好隔离封堵

C. 在 1 区内电缆线路严禁中间有接头

D. 钢管配线可采用无护套的绝缘单芯导线

E. 电气线路宜在有爆炸危险的建、构筑物的墙外敷设

8. 绝缘材料有多项性能指标，其中电性能是重要指标之一。下列性能指标中，属于电性能指标的有（　　）。

A. 绝缘电阻

B. 耐压强度

C. 耐弧性能

D. 介质损耗

E. 泄漏电流

9. 异步电动机的火灾危险性源于其内部或外部因素，诸如制造缺陷、运行故障、管理不善等。下列因素中，可能导致异步电动机火灾的有（　　）。

A. 电源电压波动、频率过低

B. 电动机电流保护整定值偏小

C. 电动机运行中发生过载、堵转

D. 电动机绝缘破坏、发生相间短路

E. 绕阻断线或接触不良

10. 良好的绝缘是保证电气设备和线路正常运行的必要条件，选择绝缘材料应视其环境适应性。下列情形中，可能造成绝缘破坏的有（　　）。

A. 石英绝缘在常温环境中使用

B. 矿物油绝缘中杂质过多

C. 陶瓷绝缘长期在风吹日晒环境中使用

D. 聚酯漆绝缘在高压作用环境中使用

E. 压层布板绝缘在霉菌侵蚀的环境中使用

11. 在保护接零系统中，对于配电线路、供给手持式电动工具或移动式电气设备的线路，故障持续时间的要求各不相同。下列对线路故障持续时间的要求中，正确的有（　　）。

A. 对于配电线路，故障持续时间不宜超过 5.0 s

B. 仅供给固定式电气设备的线路，故障持续时间不宜超过 8.0 s

C. 手持式电动工具的 220 V 的线路故障持续时间不宜超过 0.4 s

D. 移动式电动工具的 380 V 的线路故障持续时间不宜超过 0.2 s

E. 移动式电动工具的 220 V 的线路故障持续时间不宜超过 1.0 s

第三章特种设备安全技术精选题库

一、单项选择题

1. 按照《特种设备安全监察条例》的定义，特种设备包括锅炉、压力容器、压力管道等 8 类设备。下列设备中，不属于特种设备的是（　　）。

A. 旅游景区观光车辆　　B. 建筑工地升降机

C. 场（厂）内专用机动车辆　　D. 浮顶式油储罐

2. 蒸汽锅炉满水和缺水都可能造成锅炉爆炸。水位计是用于显示锅炉内水位高低的安全附件。下列关于水位计的说法中，错误的是（　　）。

A. 水位计的安装应便于观察

B. 锅炉额定蒸发量为 1 t/h 的可装 1 只水位计

C. 玻璃管式水位计应有防护装置

D. 水位计应设置放水管并接至安全地点

3. 叉车护顶架是为保护司机免受重物落下造成伤害而设置的安全装置。下列关于叉车护顶架的说法中，错误的是（　　）。

A. 起升高度超过 1.8 m，必须设置护顶架

B. 护顶架一般都由型钢焊接而成

C. 护顶架必须能够遮掩司机的上方

D. 护顶架应进行疲劳载荷试验检测

4. 锅炉是一种密闭的压力容器，在高温高压下工作，可能引发锅炉爆炸的原因包括水循环遭破坏、水质不良、长时间低水位运行、超温运行和（　　）等。

A. 超时运行　　B. 超压运行　　C. 低压运行　　D. 排水管自动排放

5. 当反应容器发生超温超压时，下列应急措施中，正确的是（　　）。

A. 停止进料，对有毒易燃易爆介质，应打开放空管，将介质通过接管排至安全地点

B. 停止进料，关闭放空阀门

C. 逐步减少进料，关闭放空阀门

D. 逐步减少进料，对有毒易燃易爆介质，应打开放空管，将介质通过接管排至安全地点

6. 为防止压力容器发生爆炸和泄漏事故，在设计上，应采用合理的结构，如全焊透

结构、能自由膨胀结构等，以避免应力集中、几何突变。针对设备使用情况，在强度计算及安全阀排量计算符合标准的前提下，应选用塑性和（　　）较好的材料。

A. 刚度　　B. 脆性　　C. 韧性　　D. 压力

7. 锅炉缺水是锅炉运行中最常见的事故之一，尤其当出现严重缺水时，常常会造成严重后果。如果对锅炉缺水处理不当，可能导致锅炉爆炸。当锅炉出现严重缺水时，正确的处理方法是（　　）。

A. 立即给锅炉上水　　B. 立即停炉

C. 进行“叫水”操作　　D. 加强水循环

8. 2019 年 10 月，山东省某金属冶炼企业锅炉房内值班班长巡视时听见高水位报警器发出警报，他初步判断锅炉发生满水，故紧急进行满水处理。值班班长采取的一系列措施中，错误的是（　　）。

A. 冲洗水位表，检查水位表有无故障

B. 立即打开给水阀，加大锅炉排水

C. 立即关闭给水阀，停止向锅炉上水，启用省煤器再循环管路

D. 减弱燃烧，打开排污阀及过热器、蒸汽管道上的疏水阀

9. 李某是企业蒸汽锅炉的司炉工，某日在对运行锅炉进行日常巡查的过程中发现锅炉运行存在异常状况，李某立即记录并汇报至值班班长。记录的异常状况中可导致汽水共腾事故的是（　　）。

A. 66×10^4 kW 超临界机组 1 号锅炉锅水过满

B. 66×10^4 kW 超临界机组 1 号锅炉过热蒸汽温度急剧下降

C. 66×10^4 kW 超临界机组 2 号锅炉锅水黏度太低

D. 66×10^4 kW 超临界机组 2 号锅炉负荷增加和压力降低过快

10. 易熔塞合金装置由钢制塞体及其中心孔中浇铸的易熔合金塞构成，其工作原理是通过温度控制气瓶内部的温升压力，当气瓶周围发生火灾或遇到其他意外高温达到预定的动作温度时，易熔合金即熔化，易熔合金塞装置动作，瓶内气体由此塞孔排出，气瓶泄压。用压缩天然气气瓶的易熔合金装置的动作温度为（　　）。

A. 80 ℃　　B. 95 ℃　　C. 110 ℃　　D. 125 ℃

11. 钢质无缝气瓶的钢印标志包括制造钢印标志和检验钢印标志，是识别气瓶的重要依据，气瓶公称工作压力、气瓶容积、充装介质的编号分别是（　　）。

A. 4，9，7　　B. 4，8，7　　C. 3，5，8　　D. 5，8，7

12. 锅炉水位高于水位表最高安全水位刻度的现象，称为锅炉满水。严重满水时，锅水可进入蒸汽管道和过热器，造成水击及过热器结垢，降低蒸汽品质，损害以致破坏过热

器。下列针对锅炉满水的处理措施中，正确的是（　　）。

A. 加强燃烧，开启排污阀及过热器、蒸汽管道上的疏水阀

B. 启动“叫水”程序，判断满水的严重程度

C. 立即停炉，打开主汽阀加强疏水

D. 立即关闭给水阀停止向锅炉上水，启用省煤器再循环管路

13. 起重作业司索工主要从事地面工作，其工作质量与起重作业安全关系极大。下列对起重工操作安全的要求中，正确的是（　　）。

A. 司索工主要承接准备品具、挪移挂钩、摘钩卸载等作业，不能承担指挥任务

B. 捆绑吊物时，形状或尺寸不同的物品不经特殊捆绑不得混吊

C. 目测估算被吊物的质量和重心，按估算质量增大 5%选择吊具

D. 摘钩卸载时，应采用抖绳摘索，摘钩时应等所有吊索完全松弛再进行

14. 运营单位应对大型游乐设施进行自行检查，包括日检查、月检查和年检查，下列对大型游乐设施进行检查的项目中，属于日检查必须检查的项目的是（　　）。

A. 限速装置　　B. 动力装置

C. 绳索、链条　　D. 控制电路和电气元件

15. 起重机械作业过程，由于起升机构取物缠绕系统出现问题而经常发生中途坠落事故，如脱绳、脱钩、断绳和断钩等。关于起重机械起升机构安全要求的说法，错误的是（　　）。

A. 为防止钢丝绳托槽，卷筒装置上应用压板固定

B. 钢丝绳在卷筒上的极限安全圈应保证在 1 圈以上

C. 钢丝绳在卷筒上应有下降限位保护

D. 每根起升钢丝绳两端都应固定

16. 气瓶充装作业安全是气瓶使用安全的重要环节之一。下列气瓶充装安全要求中，错误的是（　　）。

A. 气瓶充装单位应当按照规定，取得气瓶充装许可

B. 充装高（低）压液化气体，应当对充装量逐瓶复检

C. 除特殊情况下，应当充装本单位自有并已办理使用登记的气瓶

D. 气瓶充装单位不得对气瓶充装混合气体

17. 起重机械吊运的准备工作和安全检查是保证起重机械安全作业的关键，下列起重机械吊运作业安全要求中，错误的是（　　）。

A. 流动式起重机械应将支撑地面夯实垫平，支撑应牢固可靠

B. 开机作业前，应确认所有控制器都置于零位

C. 大型构件吊运前需编制作业方案，必要时报请有关部门审查批准

D. 不允许用两台起重机吊运同一重物

18. 工业炸药在生产、储存、运输和使用过程中存在的火灾爆炸危险因素包括高温、撞击摩擦、静电火花、雷电等。关于因静电积累放电面导致工业炸药发生火灾爆炸事故的说法，正确的是（　　）。

A. 静电放电的火花能量达到工业炸药的引燃能

B. 静电放电的火花温度达到工业炸药的着火点

C. 静电放电的火花温度达到工业炸药的自燃点

D. 静电放电的火花温度达到工业炸药的闪点

19. 电流通过人体，当电流大于某一值时，会引起麻感、针刺感、打击感、痉挛、窒息、心室纤维性颤动等。关于电流对人体伤害的说法，正确的是（　　）。

A. 小电流给人以不同程度的刺激，但人体组织不会发生变异

B. 数百毫安的电流通过人体时，使人致命的原因是引起呼吸麻痹

C. 发生心室纤维颤动时，心脏每分钟颤动上万次

D. 电流除对机体直接起作用外，还可能对中枢神经系统起作用

20. 防雷装置包括外部防雷装置和内部防雷装置，外部防雷装置由接闪器和接地装置组成，内部防雷装置由避雷器、引下线和接地装置组成。下列安全技术要求中，正确的是（　　）。

A. 金属屋面不能作为外部防雷装置的接闪器

B. 独立避雷针的冲击接地电阻应小于 100 Ω

C. 独立避雷针可与其他接地装置共用

D. 避雷器应装设在被保护设施的引入端

21. 材料在一定的高温环境下长期使用，所受到的拉应力低于该温度下的屈服强度，也会随时间的延长而发生缓慢持续的伸长，即蠕变现象，材料长期发生蠕变会导致性能下降或产生蠕变裂纹，最终造成破坏失效。关于管道材料蠕变失效说法，错误的是（　　）。

A. 管道在长度方向有明显的变形

B. 蠕变断口表面被氧化层覆盖

C. 管道焊缝熔合线处蠕变开裂

D. 管道在运行中沿轴向开裂

22. 由安全阀和爆破片组合构成的压力容器安全附件，一般采用并联或串联安装安全阀和爆破片。当安全阀与爆破片装置并联组合时，爆破片的标定爆破压力不得超过压力容器的（　　）。

A. 工作压力　　B. 设计压力　　C. 最高工作压力　　D. 爆破压力

23. 起重机械，是指用于垂直升降或者垂直升降并水平移动重物的机电设备，根据运动形式不同，分为桥架类起重机和臂架类起重机。下列起重机械中，属于臂架类起重机的是（　　）。

A. 垂直起重机　　B. 门式起重机　　C. 流动式起重机　　D. 缆索式起重机

24. 叉车在叉装物件时，司机应检查并确认被叉装物件重量，当物件重量不明时，应将被叉装物件叉离起地面一定高度，认为无超载现象后，方可运送。下列给出的离地高度中，正确的是（　　）。

A. 400 mm　　B. 300 mm　　C. 200 mm　　D. 100 mm

25. 压力容器，一般泛指在工业生产中盛装用于完成反应、传质、传热、分离和储存等生产工艺过程的气体或液体，并能承载一定压力的密闭设备。压力容器的种类和型式有很多，分类方法也有很多。根据压力容器在生产中作用的分类，石油化工装置中的吸收塔属于（　　）。

A. 反应压力容器　　B. 换热压力容器　　C. 分离压力容器　　D. 储存压力容器

26. 起重作业的安全与整个操作过程紧密相关，起重机械操作人员在起吊前应确认各项准备工作和周边环境符合安全要求。关于起吊前准备工作的说法，正确的是（　　）。

A. 被吊重物与吊绳之间必须加衬垫　　B. 起重机支腿必须完全伸出并稳固

C. 主、副两套起升机构不得同时工作　　D. 尺寸不同的物品不得混合捆绑

27. 起重作业的安全操作是防止起重伤害的重要保证，起重作业人员应严格按照安全操作规程进行作业。关于起重安全操作技术的说法，正确的是（　　）。

A. 不得用多台起重机运同一重物

B. 对紧急停止信号，无论何人发出，都必须立即执行

C. 摘钩时可以抖绳摘索，但不允许利用起重机抽索

D. 起升、变幅机构的制动器可以带载调整

28. 叉车是一种对成件托盘货物进行装卸、堆垛和短距离搬运的轮式车辆。关于叉车安全使用要求的说法，正确的是（　　）。

A. 严禁用叉车装卸重量不明物件

B. 特殊作业环境下可以单叉作业

C. 运输物件行驶过程中应保持起落架水平

D. 叉运大型货物影响司机视线时可倒开叉车

29. 客运索道是指利用动力驱动、柔性绳索牵引箱体等运载工具运送人员的机电设备，包括客运架空索道、客运缆车、客运拖牵索道等。客运索道的运行管理和日常检查、检修是其安全运行的重要保障。下列客运索道安全运行的要求中，正确的是（　　）。

A. 客运索道每天开始运送乘客之前都应进行三次试运转

B. 单线循环固定抱索器客运架空索道一般情况下不允许夜间运行

C. 单线循环式索道上运载工具间隔相等的固定抱索器，应按规定的时间间隔移位

D. 客运索道线路巡视工至少每周进行一次全线巡视

30. 气瓶水压试验的主要目的是检验气瓶的整体强度是否符合要求，根据《气瓶安全技术监察规程》（TSG R0006—2014），气瓶水压试验的压力应为公称工作压力的（　　）。

A. 0.8 倍　　B. 1.5 倍　　C. 1.2 倍　　D. 2.0 倍

31. 为保证场（厂）内机动车辆的使用安全，使用单位应定期对其进行检查。定期检查包括日检、月检和年检。下列检查中，不属于月检内容的是（　　）。

A. 检查安全装置、制动器、离合器等有无异常

B. 检查重要零部件有无损伤，是否应报废

C. 对护顶架进行静态和动态两种载荷试验

D. 检查电气液压系统及其部件的泄漏情况及工作性能

32. 场（厂）内机动车辆的液压系统中，如果超载或者油缸到达终点油路仍未切断，以及油路堵塞引起压力突然升高，会造成液压系统损坏。因此，液压系统中必须设置（　　）。

A. 安全阀　　B. 切断阀　　C. 止回阀　　D. 调节阀

33. 叉车液压系统的高压油管一旦发生破裂将会危害人身安全，因此要求叉车液压系统的高压胶管、硬管和接头至少能够承受液压回路三倍的工作压力。对叉车液压系统中高压胶管进行的试验项目是（　　）。

A. 抗拉试验　　B. 爆破试验　　C. 弯曲试验　　D. 柔韧性试验

34. 划分爆炸危险区域时，应综合考虑释放源级别和通风条件，先按释放源级别划分区域，再根据通风条件调整区域划分。关于爆炸危险环境的说法，正确的是（　　）。

A. 混合物中危险物质的浓度被稀释到爆炸下限的 35%以下为通风良好

B. 混合物中危险物质的浓度被稀释到爆炸下限的 75%以下为通风不良

C. 存在第一级释放源区域，可划为 1 区，存在第二级释放源区域，可划为 2 区

D. 存在连续级释放源区域，可划为 1 区，存在第一级释放源区域，可划为 2 区

35. 锅炉蒸发表面（水面）汽水共同升起，产生大量泡沫并上下波动翻腾的现象，叫汽水共腾。汽水共腾的处置措施是（　　）。

A. 全开连续排污阀，并关闭定期排污阀

B. 减弱燃烧力度，关小主汽阀

C. 停止上水，以减少气泡产生

D. 增加负荷，迅速降低压力

36. 特种设备分为承压类特种设备和机电类特种设备。其中承压类特种设备是指承载定压力的密闭设备或管状设备。下列设备中，属于承压类特种设备的是（　　）。

A. 常压锅炉　　B. 医用氧舱　　C. 原油储罐　　D. 采暖壁挂炉

37. 起重机械的位置限制与调整装置是用来限制机构在一定空间范围内运行的安全防护装置。下列装置中，不属于位置限制与调整装置的是（　　）。

A. 上升极限位置限制器　　B. 运行极限位置限制器

C. 偏斜调整和显示装置　　D. 回转锁定装置

38. 对于沿斜坡牵引的大型游乐设施提升系统，必须设置（　　）。

A. 限时装置　　B. 缓冲装置　　C. 防碰撞装置　　D. 防逆行装置

39. 管道带压堵漏技术广泛应用于冶金、化工、电力、石油等行业，但因为带压堵漏的特殊性，有些紧急情况下不能采取带压堵漏技术进行处理。下列泄漏情形中，不能采取带压堵漏技术措施处理的是（　　）。

A. 受压元件因裂纹而产生泄漏　　B. 密封面和密封元件失效而产生泄漏

C. 管道穿孔而产生泄漏　　D. 焊口有砂眼而产生泄漏

40. 为便于安全监察、使用管理和检验检测，需将压力容器进行分类。某压力容器的盛装介质为氮气，压力为 1.0 MPa，容积为 1 m³。根据《固定式压力容器安全技术监察规程》（TSG 21—2016）的压力容器分类图（见下图），该压力容器属于（　　）。

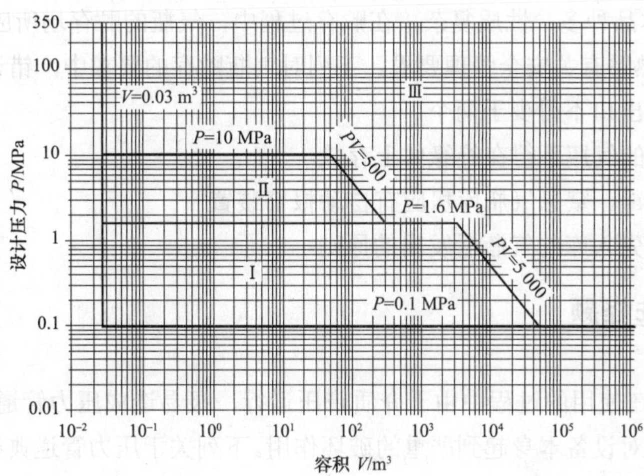

A. Ⅰ类　　B. Ⅱ类　　C. Ⅲ类　　D. Ⅱ类或Ⅲ类

41. 单线循环脱挂抱索器客运架空索道在吊具距地高度大于（　　）时，应配备缓降器救护工具。

A. 8 m　　B. 15 m　　C. 10 m　　D. 18 m

42. 在对存储压缩天然气的容器进行检验过程中，发现容器内表面有硫化物腐蚀开裂。在进行处理后，容器重新投入使用，同时采取相应预防措施。下列措施或要求中，错误的是（　　）。

A. 采用低浓度碱液中和　　B. 分子筛脱硫

C. 定期排放容器中的积水　　D. 保持完好的防腐层

43. 起重机操作中遇突然停电，司机的处置措施包括：① 把所有控制器手柄放置零位；② 拉下保护箱闸刀开关；③ 若短时间停电，司机可在驾控室耐心等候，若长时间停电，应撬起起升机制动器，放下载荷；④ 关闭总电源。处置起重机突然停电故障的正确操作顺序是（　　）。

A. ①→②→④→③　　B. ①→④→③→②

C. ②→③→④→①　　D. ③→②→①→④

44. 客运索道一旦出现故障，可能造成人员被困、坠落等事故，因此客运索道的使用单位应当制定应急预案。关于客运索道应急救援的说法，错误的是（　　）。

A. 救援物资只可在救援时使用，不得挪作他用

B. 自身的应急救援体系要与社会应急救援体系相衔接

C. 至少每两年进行一次应急救援演练

D. 救护设备应按要求存放，并进行日常检查

45. 瓶装气体品种多、性质复杂。在贮存过程中，气瓶的贮存场所应符合设计规范，库房管理人员应熟悉有关安全管理要求。下列对气瓶贮存的要求中，错误的是（　　）。

A. 气瓶库房出口不得少于两个

B. 可燃气体的气瓶不得在绝缘体上存放

C. 可燃、有毒、窒息气瓶库房应有自动报警装置

D. 应当遵循先入库的气瓶后发出的原则

二、多项选择题

1. 压力管道在使用的过程中由于介质带压运行，极易造成压力管道腐蚀减薄，以及严重的冲刷磨损，对设备本身起到严重的破坏作用。下列关于压力管道典型事故的特性中，说法错误的是（　　）。

A. 压力管道的腐蚀分为内腐蚀和外腐蚀，内腐蚀由环境腐蚀因素引起，外腐蚀由介质引起

B. 压力管道的冲刷磨损主要由流动介质引起，介质流速越小，冲蚀越严重，硬度越小越严重，弯头、变径管件等地方最严重

C. 管道开裂是压力管道最危险的缺陷

D. 焊接裂纹和应力裂纹是管道安装过程中产生的裂纹

E. 腐蚀裂纹、疲劳裂纹和蠕变裂纹属于管道使用过程中产生的裂纹

2. 起重机械安全装置是安装于起重机械上，在起重机械作业过程中起到保护和防止起重机械发生事故的装置。下列装置中属于起重机械安全装置的有（　　）。

A. 位置限制与调整装置　　B. 回转锁定装置

C. 力矩限制器　　D. 安全钩

E. 飞车防止器

3. 锅炉在运行过程中，可能造成锅炉发生爆炸事故的原因有（　　）。

A. 安全阀损坏或装设错误

B. 主要承压部件出现裂纹、严重变形、腐蚀、组织变化

C. 燃料发热值变低

D. 长时间严重缺水干烧

E. 锅炉严重结垢

4. 根据《特种设备目录》分类，下列设备中属于特种设备的是（　　）。

A. 容积为 20 L，额定蒸汽压力等于 0.1 MPa 的蒸汽锅炉

B. 容积为 10 L，最高工作压力为 0.1 MPa 的液化气体储罐

C. 额定起重量为 0.5 t 的手拉葫芦

D. 公称直径为 50 mm，最高工作压力为 0.2 MPa 的压力管道

E. 设计最大运行线速度等于 3 m/s 的过山车

5. 正确操作对锅炉的安全运行至关重要，尤其是在启动和点火升压阶段，经常由于误操作而发生事故。下列针对锅炉启动和点火升压的安全要求中，正确的有（　　）。

A. 长期停用的锅炉，在正式启动前必须煮炉，以减少受热面的腐蚀，提高锅水和蒸汽品质

B. 新投入运行锅炉向共用蒸汽母管并汽前应减弱燃烧，打开蒸汽管道上的所有疏水阀

C. 点燃气、油、煤粉锅炉时，应先送风，之后投入点燃火炬，最后送入燃料

D. 新装锅炉的炉膛和烟道的墙壁非常潮湿，在向锅炉上水前要进行烘炉作业

E. 对省煤器，在点火升压期间，应将再循环管上的阀门关闭

6. 叉车是工程和物流企业广泛使用的搬运机械，各运行系统和控制系统的正确设置

是其安全运行的重要保证。根据《场（厂）内专用机动车辆安全技术监察规程》（TSG N0001—2017），下列针对叉车运行系统和控制系统的安全要求中，正确的有（　　）。

A. 蓄电池叉车的控制系统应当具有过热保护功能

B. 蓄电池叉车的电气系统应当采用单线制，并保证良好绝缘

C. 蓄电池叉车的控制系统应当具有过电压、欠电流保护功能

D. 液压传动叉车应具有微动功能

E. 静压传动叉车只有处于制动状态时才能启动发动机

7. 对于起重机械，每日检查的内容有（　　）。

A. 动力系统控制装置　　B. 安全装置

C. 轨道的安全状况　　D. 机械零部件安全情况

E. 紧急报警装置

8. 施工升降机的每个吊笼都应设置防坠安全器，在吊笼超速或悬挂装置断裂时，能将吊笼制停，防止发生坠落事故。下列对防坠安全器的要求中，正确的有（　　）。

A. 当吊笼装有两套安全器时，都应采用渐进式安全器

B. 钢丝绳式施工升降机可采用瞬时式安全器

C. 升降机的对重质量小于吊笼质量时，应采用双向防坠安全器

D. 作用于两个导向杆的安全器，工作时应同时起作用

E. 齿轮齿条式施工升降机应采用匀速式安全器

9. 气瓶安全附件是气瓶的重要组成部分，对气瓶安全使用起着至关重要的作用。下列部件中，属于气瓶安全附件的有（　　）。

A. 易熔塞　　B. 液位计　　C. 防震圈　　D. 减压阀

E. 汽化器

10. 压力管道的安全附件有：压力表、温度计、安全阀、爆破片装置、紧急切断装置、阻火器等自控装置及自控联锁装置等仪表、设备。下列关于压力管道的安全附件说法中，正确的是（　　）。

A. 处于运行中可能超压的管道系统一般情况均应设置泄压装置

B. 工业管道中进出装置的可燃、易爆、有毒介质管道应在中间部位设置切断阀，并在装置内部设“一”字盲板

C. 安全阻火速度应小于安装位置可能达到的火焰传播速度

D. 单向阻火器安装时，应当将阻火侧朝向潜在点火源

E. 长输管道一般设置安全泄放装置、热力管道设置超压保护装置

11. 锅炉发生重大事故往往能对工作人员造成严重的伤害，知晓并能够实践锅炉事故

的应急措施是降低伤害的重要途径。下列关于锅炉重大事故应急措施的说法中，错误的是（ ）。

A. 锅炉发生爆炸和火灾事故，司炉工应迅速找到起火源和爆炸点，进行应急处理

B. 发生锅炉重大事故时，要停止供给燃料和送风，减弱引风

C. 发生锅炉重大事故时，司炉工应及时找到附近水源，取水向炉膛浇水，以熄灭炉膛内的燃料

D. 发生锅炉重大事故时，应打开炉门、灰门、烟风道闸门等，以冷却炉子

E. 发生重大事故和爆炸事故时，应启动应急预案，保护现场，并及时报告有关领导和监察机构

12. 2018 年 11 月 28 日 4 时 30 分，山西省某酒业有限公司一台锅炉爆炸，造成 2 人死亡，2 人重伤，2 人轻伤，直接经济损失 30 万元，间接损失 20 万元。下列情况中有可能造成锅炉发生爆炸的是（ ）。

A. 安全阀损坏或装设错误

B. 主要承压部件出现裂纹、严重变形、腐蚀、组织变化

C. 燃料发热值变低

D. 锅炉严重满水

E. 锅炉严重结垢

13. 下列属于汽水共腾的处置措施的是（ ）。

A. 全开连续排污阀，并打开定期排污阀

B. 停止上水，以减少气泡产生

C. 减弱燃烧力度，关小主汽阀

D. 增加负荷，迅速降低压力

E. 关闭水位表的汽连接管旋塞，关闭放水旋塞

14. 省煤器损坏是指由于省煤器管子破裂或其他零件损坏造成的事故。下列各种现象中属于因省煤器损坏引起的是（ ）。

A. 烟速过高或烟气含灰量过大，飞灰磨损严重

B. 负荷增加和压力降低过快

C. 水质不良、管子结垢并超温爆破

D. 材质缺陷或安装缺陷导致破裂

E. 给水品质不符合要求，未进行除氧，管子水侧被严重腐蚀

15. 以下关于水击事故的预防和处理措施，正确的是（ ）。

A. 对可分式省煤器的出口水温要严格控制，使之低于同压力下的饱和温度 40 ℃

B. 防止满水和汽水共腾事故，暖管之前应彻底疏水

C. 给水管道和省煤器管道的阀门启闭不应过于频繁，开闭速度要缓慢

D. 发生水击时，除立即采取措施使之消除外，还应认真检查管道、阀门、法兰、支撑等，无异常情况时，才能使锅炉继续运行

E. 上锅筒进水速度应缓慢，下锅筒进汽速度加快

16. 燃煤锅炉结渣是个普遍性的问题，层燃炉、沸腾炉、煤粉炉都有可能结渣。结渣使受热面吸热能力减弱，降低锅炉的出力和效率，因此要对锅炉可能产生结渣的部分提前进行有效的预防。下列措施能起到预防锅炉结渣的是（　　）。

A. 在设计上要控制炉膛燃烧热负荷，在炉膛中布置足够的受热面，控制炉膛出口温度，使之不超过灰渣变形温度

B. 控制送煤量，均匀送煤，及时调整燃料层和煤层厚度

C. 对沸腾炉和层燃炉，要加大送煤量

D. 在燃油锅炉的尾部烟道上装设灭火装置

E. 发现锅炉结渣要及时清除

17. 压力管道在使用的过程中由于介质带压运行，极易造成压力管道腐蚀减薄，以及严重的冲刷磨损，对设备本身起到严重的破坏作用。下列关于压力管道典型事故的特性中，说法错误的是（　　）。

A. 压力管道的腐蚀分为内腐蚀和外腐蚀，内腐蚀由环境腐蚀因素引起，外腐蚀由介质引起

B. 压力管道的冲刷磨损主要由流动介质引起，介质流速越小，冲蚀越严重，硬度越小越严重，弯头、变径管件等地方最严重

C. 管道开裂和产生裂纹是压力管道最危险的缺陷

D. 焊接裂纹和应力裂纹是管道安装过程中产生的裂纹

E. 腐蚀裂纹、疲劳裂纹和蠕变裂纹属于管道使用过程中产生的裂纹

18. 压力管道带压堵漏是利用合适的密封件，彻底切断介质泄漏的通道，或堵塞或隔离泄漏介质通道，或增加泄漏介质通道中流体流动阻力，以便形成一个封闭的空间，达到阻止流体外泄的目的。下列情况中不能使用带压堵漏方法进行补救的是（　　）。

A. 焊口有砂眼而产生泄漏

B. 压力管道内的介质属于高毒介质

C. 管道受压元件因裂纹而产生泄漏

D. 管道受压元件因未做防腐层而产生泄漏

E. 管道腐蚀、冲刷壁厚状况不清

19. 施工升降机是提升建筑材料和升降人员的重要设施，如果安全防护装置缺失或失效，容易导致坠落事故。下列关于施工升降机联锁安全装置的说法中，正确的有（　　）。

A. 只有当安全装置关合时，机器才能运转

B. 联锁安全装置出现故障时，应保证人员处于安全状态

C. 只有当机器的危险部件停止运行时，安全装置才能开启

D. 联锁安全装置不能与机器同时开启但能同时闭合

E. 联锁安全装置可采用机械电气液压气动或组合的形式

20. 桥架类型起重机的特点是以桥形结构作为主要承载构件，取物装置悬挂在可沿主梁运行的起重小车上。下列起重机属于桥架类型起重机的是（　　）。

A. 塔式起重机　　B. 桥式起重机

C. 门座式起重机　　D. 流动式起重机

E. 绳索起重机

21. 起重机典型的事故以重物失落事故为首，指的是起重作业中，吊载、吊具等重物从空中坠落所造成的人身伤亡和设备毁坏的事故。重物失落事故中又以脱绳事故发生得最多，造成起重机脱绳事故的原因有（　　）。

A. 超重　　B. 重物的捆绑方法与要领不当

C. 钢丝绳磨损　　D. 吊装重心选择不当

E. 吊载遭到碰撞、冲击

22. 起重机械重物失落事故是指起重作业中，吊载、吊具等重物从空中坠落所造成的人身伤亡和设备毁坏的事故。下列事故中，属于起重机械重物失落事故的有（　　）。

A. 维修工具坠落事故　　B. 脱绳事故

C. 脱钩事故　　D. 吊钩断裂事故

E. 断绳事故

23. 倾翻事故是自行式起重机的常见事故，下列原因中，能够造成倾翻事故的是（　　）。

A. 野外作业场地支承地基松软　　B. 起重机支腿未能全部伸出

C. 悬臂伸长与规定起重量不符　　D. 无防风夹轨装置导致倾倒

E. 无固定锚链从栈桥上翻落

24. 起重机常发生机体摔伤事故，机体摔伤事故可能导致机械设备的整体损坏甚至造成严重的人员伤亡，以下起重机中能够发生机体摔伤事故的是（　　）。

A. 汽车起重机　　B. 门座式起重机

C. 塔式起重机　　D. 履带起重机

E. 门式起重机

25. 坐落在深圳某游乐园的太空之旅大型游乐设施在 2010 年 6 月由于其中一辆小车

突然松动，导致整个穹顶发生爆炸，引发了一场电力火灾，随后坠落到地面，最终导致6人死亡、5人受重伤的严重事故。下列关于大型游乐设施安全运行的说法中，正确的是（　　）。

A. 营业结束需对设备设施进行安全检测

B. 游乐设备正式运营前，操作员应将空车按实际工况运行一次，确认一切正常再开机

C. 为增加大型游乐设施趣味性，应尽量让乘客在途中大声叫喊

D. 紧急停止按钮的位置只能由该设施主要负责人能够触及，以保证运行中不会误动作

26. 安全员李某是天津市某游乐场大型游乐设施的安全监管员，对于李某负责的大型游乐设施检查记录，其中不符合安全管理要求的是（　　）。

A. 每日正式运营前，操作员将空车按实际工况运行三次

B. 每次开机前，操作员先鸣铃以示警告

C. 设备运行中，乘客产生恐惧而大声叫喊时，操作员判定为正常情况不停车

D. 设备运行中，操作人员选择运营平稳时段回到遮阴棚休息

E. 每日营业结束，操作人员对设备设施进行安全检测

27. 起重机的安全操作与避免事故的发生紧密相关，起重机械操作人员在起吊前应确认各项准备工作和周边环境符合安全要求，关于起重机吊运前的准备工作的说法，错误的是（　　）。

A. 起重前应进行一次性长行程、大高度试吊，以确定起重机的载荷承受能力

B. 主、副两套起升机构不得同时工作

C. 被吊重物与吊绳之间必须加衬垫

D. 司索工一般负责检查起吊前的安全，不担任指挥任务

E. 起吊前确认起重机与其他设备或固定建筑物的距离在 0.5 m 以上

28. 起重机安全操作规程的制定是为了有效防止起重事故的发生，根据起重机械安全规程的要求，下列说法正确的是（　　）。

A. 正常操作过程中，不得利用极限位置限制器停车，必要时可以利用打反车进行制动

B. 不得在起重作业过程中进行检查和维修

C. 吊物不得从人头顶上经过，吊物和起重臂下不得站人

D. 起升、变幅机构的制动器可以带载增大作业幅度

E. 如作业场地为斜面，则工作人员应站在斜面下方

29. 施工升降机的每个吊笼都应设置防坠安全器，在吊笼超速或悬挂装置断裂时，能

将吊笼制停，防止发生坠落事故。下列对防坠安全器的要求中，正确的有（　　）。

A. 升降机的对重质量小于吊笼质量时，应采用双向防坠安全器

B. 当吊笼装有两套安全器时，都应采用渐进式安全器

C. 钢丝绳式施工升降机可采用瞬时式安全器

D. 齿轮齿条式施工升降机应采用匀速式安全器

E. 作用于两个导向杆的安全器，工作时应同时起作用

第四章防火防爆安全技术精选题库

一、单项选择题

1. 某些气体即使在没有氧气的条件下，也能被点燃爆炸，其实质是一种分解爆炸。下列气体中，属于分解爆炸性气体的是（　　）。

A. 一氧化碳　　B. 乙烯　　C. 氢气　　D. 氨气

2. 泡沫灭火系统按发泡倍数分为低倍数、中倍数和高倍数泡沫灭火系统。高倍数泡沫灭火剂的发泡倍数为（　　）。

A. 101～1 000 倍　　B. 201～1 000 倍　　C. 301～1 000 倍　　D. 401～1 000 倍

3. 防爆的基本原则是根据对爆炸过程特点的分析采取相应的措施，包括防止爆炸发生、控制爆炸发展、削弱爆炸危害。下列措施中，属于防止爆炸发生的是（　　）。

A. 严格控制火源、防止爆炸性混合物的形成、检测报警

B. 及时泄出燃爆开始时的压力

C. 切断爆炸传播途径

D. 减弱爆炸压力和冲击波对人员、设备和建筑物的损坏

4. 可燃气体爆炸一般需要可燃气体、空气或氧气、点火源三个条件。但某些可燃气体，即使没有空气或氧气参与，也能发生爆炸，这种现象叫作分解爆炸。下列各组气体中，均可以发生分解爆炸的是（　　）。

A. 乙炔、环氧乙烷、甲烷　　B. 乙炔、环氧乙烷、四氟乙烯

C. 乙炔、甲烷、四氟乙烯　　D. 环氧乙烷、甲烷、四氟乙烯

5. 煤矿井下煤尘爆炸往往比瓦斯爆炸造成更严重的危害。从煤尘爆炸比瓦斯爆炸更为严重的角度考虑，下列说法中，错误的是（　　）。

A. 煤尘爆炸感应时间更长　　B. 煤尘爆炸产生的热量更多

C. 煤尘爆炸一般发生多次爆炸　　D. 煤尘爆炸持续时间更长

6. 下列关于火灾分类的说法中，正确的是（　　）。

A. 家庭炒菜时油锅着火属于F类火灾

B. 工厂镁铝合金粉末自然着火属于E类火灾

C. 家庭的家用电器着火属于D类火灾

D. 实验室乙醇着火属于C类火灾

7. 燃烧的三要素为氧化剂、点火源和可燃物。下列物质中属于氧化剂的是（　　）。

A. 氯气　　B. 氢气　　C. 氮气　　D. 一氧化碳

8. 防止火灾爆炸事故的基本原则是：防止和限制可燃可爆系统的形成；当燃烧爆炸物质不可避免地出现时，要尽可能消除或隔离各类点火源；阻止和限制火灾爆炸的蔓延扩展，尽量降低火灾爆炸事故造成的损失。下列预防火灾爆炸事故的措施中，属于阻止和限制火灾爆炸蔓延扩展原则的是（　　）。

A. 严格控制环境温度　　B. 安装避雷装置

C. 使用防爆电气　　D. 安装火灾报警系统

9. 防止火灾、爆炸事故发生的基本原则主要有：防止燃烧、爆炸系统的形成，消除点火源，限制火灾、爆炸蔓延扩散。下列预防火灾爆炸事故的措施中，属于防止燃烧、爆炸系统形成的措施是（　　）。

A. 控制明火和高温表面　　B. 防爆泄压装置

C. 安装阻火装置　　D. 惰性气体保护

10. 根据《烟花爆竹安全与质量》(GB 10631—2013)，烟花爆竹、原材料和半成品的主要安全性能检测项目有摩擦感度、撞击感度、静电感度、爆发点、相容性、吸湿性、水分、pH值等。关于烟花爆竹、原材料和半成品的安全性能的说法，错误的是（　　）。

A. 静电感度包括药剂摩擦时产生静电的难易程度和对静电放电火花的敏感度

B. 摩擦感度是指在摩擦作用下，药剂发生燃烧或爆炸的难易程度

C. 撞击感度是指药剂在冲击和摩擦作用下发生燃烧或爆炸的难易程度

D. 烟花爆竹药剂的外相容性是指药剂中组分与组分之间的相容性

11. 爆炸是物质系统的一种极为迅速的物化或化学能量的释放或转化过程，在此过程中，系统的能量将转化为机械功、光和热的辐射等。按照能量来源，爆炸可分为物理爆炸、化学爆炸和核爆炸。下列爆炸现象中，属于物理爆炸的是（　　）。

A. 导线因电流过载而引起的爆炸　　B. 活泼金属与水接触引起的爆炸

C. 空气中的可燃粉尘云引起的爆炸　　D. 液氧和煤粉混合而引起的爆炸

12. 可燃物质在规定条件下，不用任何辅助引燃能源而达到自行燃烧的最低温度称为自燃点。关于可燃物质自燃点的说法，正确的是（ ）。

A. 液体可燃物质受热分解越快，自身散热越快，其自燃点越高

B. 固体可燃物粉碎得越细，其自燃点越高

C. 固体可燃物受热分解的可燃气体挥发物越多，其自燃点越低

D. 一般情况下密度越小，闪点越高，其自燃点越低

13. 危险化学品的燃烧爆炸事故通常伴随发热、发光、高压、真空和电离等现象，具有很强的破坏效应，该效应与危险化学品的数量和性质、燃烧爆炸时的条件及位置等因素均有关系。关于危险化学品破坏效应的说法，正确的是（ ）。

A. 爆炸的破坏作用主要包括高温的破坏作用和爆炸冲击波的破坏作用

B. 在爆炸中心附近，空气冲击波波阵面上的超压可达到几个甚至十几个大气压

C. 当冲击波大面积作用于建筑物时，所有建筑物将全部被破坏

D. 机械设备、装置、容器等爆炸后产生许多碎片，碎片破坏范围一般在 0.5～1.0 km

14. 某化工技术有限公司污水处理车间发生火灾，经现场勘查，污水处理车间废水罐内主要含水、甲苯、燃油、少量废催化剂（雷尼镍）等，事故调查分析认为雷尼镍自燃引起甲苯燃爆。根据《火灾分类》（GB/T 4968—2008），该火灾类型属于（ ）。

A. A 类火灾　　B. C 类火灾　　C. B 类火灾　　D. D 类火灾

15. 火灾自动报警系统应具有探测、报警、联动、灭火、减灾等功能，国内外有关标准规范都对建筑中安装的火灾自动报警系统作了规定。根据《火灾自动报警系统设计规范》（GB 50116—2013），该标准不适用于（ ）。

A. 工矿企业的要害部门　　B. 高层宾馆、饭店、商场等场所

C. 生产和储存火药、炸药的场所　　D. 行政事业单位、大型综合楼等场所

16. 火灾探测器的基本功能就是对表征烟雾、温度、火焰（光）和燃烧气体的火灾参量做出有效反应，通过敏感元件，将表征火灾参量的物理量转化为电信号传送到火灾报警控制器。关于火灾探测器适用场合的说法，正确的是（ ）。

A. 感光探测器特别适用于阴燃阶段的燃料火灾

B. 红外火焰探测器不适合有大量烟雾存在的场合

C. 紫外火焰探测器特别适用于无机化合物燃烧的场合

D. 感光探测器适用于监视有易燃物质区域的火灾

17. 考虑使用工具与烟火药发生爆炸的概率之间的关系，在手工直接接触烟火药的工序中，对使用的工具材质有严格要求，下列工具中，不应使用的工具是（ ）。

A. 铝质工具　　B. 瓷质工具　　C. 木质工具　　D. 竹质工具

18. 由烟道或车辆尾气排放管飞出的火星也可能引起火灾。因此，通常在可能产生火星设备的排放系统安装火星熄灭器，以防止飞出的火星引燃可燃物。关于火星熄灭器工作机理的说法中，错误的是（ ）。

A. 火星由粗管进入细管，加快流速，火星就会熄灭，不会飞出

B. 在火星熄灭器中设置网格等障碍物，将较大、较重的火星挡住

C. 设置旋转叶轮改变火星流向，增加路程，加速火星的熄灭或沉降

D. 在火星熄灭器中采用喷水或通水蒸气的方法熄灭火星

19. 评价粉尘爆炸危险性的主要特征参数有爆炸极限、最小点火能量、最低爆炸压力及压力上升速率。关于粉尘爆炸危险性特征参数的说法，错误的是（ ）。

A. 粒度对粉尘爆炸压力的影响比其对粉尘爆炸压力上升速率的影响大

B. 粉尘爆炸极限不是固定不变的

C. 容器尺寸会对粉尘爆炸压力及压力上升速率有很大的影响

D. 粉尘爆炸压力及压力上升速率受湍流度等因素的影响

20. 烟花爆竹生产企业生产设施及管理应当符合《烟花爆竹工程设计安全规范》（GB 50161—2009）。下列对烟花爆竹生产企业不同级别建筑物的安全管理要求中，符合该标准的是（ ）。

A. A1 级建筑物应确保作业者单人单间使用

B. A2 级建筑物应确保作业者单人单栋使用

C. A3 级建筑物每栋同时作业应不超过 5 人

D. C 级建筑物内的人均面积不得少于 2.0 m^2

21. 下列爆炸性气体危险性最大的是（ ）。

A. 丁烷 B. 氢气 C. 乙烯 D. 一氧化碳

22. 对盛装可燃易爆介质的设备和管路应保证其密闭性，但很难实现绝对密闭，一般总会有一些可燃气体、蒸汽或粉尘从设备系统中泄漏出来。因此，必须采用通风的方法使可燃气体、蒸汽或粉尘的浓度不会达到危险的程度，一般应控制在爆炸下限的（ ）。

A. 1/5 以下 B. 1/2 以下 C. 1/3 以下 D. 1/4 以下

23. 阻火器是用来阻止可燃易爆气体、液体的火焰蔓延和防止回火而引起爆炸的安全装置，通常安装在可燃易爆气体、液体的管路上。关于阻火器选用和安装的说法，正确的是（ ）。

A. 爆燃型阻火器是用于阻止火焰以亚音速通过的阻火器

B. 阻火器的安全阻火速度应不大于安装位置可能达到的火焰传播速度

C. 阻火器最大间隙应不小于介质在操作工况下的最大试验安全间隙

D. 单向阻火器安装时，应当将阻火侧背向潜在点火源

24. 不同火灾场景应使用相应的灭火剂，选择正确的灭火剂是灭火的关键。下列火灾中，能用水灭火的是（　　）。

A. 普通木材家具引发的火灾　　B. 未切断电源的电气火灾

C. 硫酸、盐酸和硝酸引发的火灾　　D. 高温状态下化工设备火灾

25. 可燃易爆气体的危险度 H 与气体的爆炸上限、下限密切相关。一般情况下，H 值越大，表示爆炸极限范围越宽，其爆炸危险性越大。如果甲烷在空气中的爆炸下限为500%，爆炸上限为15.00%，则其危险度 H 为（　　）。

A. 2.50　　B. 1.50　　C. 0.50　　D. 2.00

26. 火灾、爆炸这两种常见灾害之间存在紧密联系，它们经常是相伴发生的。由于火灾发展过程和爆炸过程各有特点，故防火、防爆措施不尽相同。下列防火、防爆措施中，不属于防火基本措施的是（　　）。

A. 及时泄出燃爆初始压力　　B. 采用耐火建筑材料

C. 阻止火焰的蔓延　　D. 严格控制火源条件

27. 烟花爆竹的燃烧特性标志着火药能量释放的能力，其主要取决于火药的（　　）。

A. 能量释放和燃烧速率　　B. 燃烧速率和燃烧面积

C. 燃烧速率和化学组成　　D. 做功能力和燃烧速率

28. 已知凝聚相炸药在空气中爆炸产生的冲击波超压峰值可根据经验公式（Mills 公式）估算，即 $\Delta P=\frac{0.108}{R}-\frac{0.114}{R^2}+\frac{1.772}{R^3}$。其中，$\Delta P$ 为冲击波超压峰值，MPa；R 为无量纲比距离，$R=\frac{d}{w_{TNT}^{\frac{1}{3}}}$；$d$ 为观测点到爆心的距离，m；w_{TNT} 为药量，kg。冲击波超压导致玻璃破坏的准则见下表。若给定 w_{TNT} 为 8.0 kg，d 为 10.0 m 处的玻璃门窗在炸药爆炸后，玻璃损坏程度为（　　）。

超压ΔP/MPa	<0.002	0.002～<0.009	0.009～<0.025	0.025～<0.040
玻璃损坏程度	偶然破坏	大、小块	小块到粉碎	粉碎

A. 偶然破坏　　B. 小块到粉碎　　C. 大、小块　　D. 粉碎

29. 按照爆炸物质反应相的不同，爆炸可分为气相爆炸、液相爆炸、固相爆炸。空气与氢气混合物的爆炸、钢水与水混合产生的爆炸分别属于（　　）。

A. 气相爆炸和液相爆炸 B. 气相爆炸和固相爆炸
C. 液相爆炸和气相爆炸 D. 液相爆炸和固相爆炸

30. 蜡烛是一种固体可燃物，其燃烧的基本原理是（ ）。

A. 通过热解产生可燃气体，然后与氧化剂发生燃烧
B. 固体蜡烛被烛芯直接点燃并与氧化剂发生燃烧
C. 蜡烛受热后先液化，然后蒸发为可燃蒸气，再与氧化剂发生燃烧
D. 蜡烛受热后先液化，液化后的蜡烛被烛芯吸附直接与氧化剂发生燃烧

31. 为防止火灾爆炸的发生，阻止其扩展和减少破坏，防火防爆安全装置及技术在实际生产中广泛使用。关于防火防爆安全装置及技术的说法，错误的是（ ）。

A. 化学抑爆技术可用于装有气相氧化剂的可能发生爆燃的粉尘密闭装置
B. 工作介质为剧毒气体的压力容器应采用安全阀作为防爆泄压装置
C. 当安全阀的入口处装有隔断阀时，隔断阀必须保持常开状态并加铅封
D. 主动式、被动式隔爆装置依靠自身某一元件的动作阻隔火焰传播

32. 烟花爆竹的组成决定了它具有燃烧和爆炸的特性。燃烧是可燃物质发生强烈的氧化还原反应，同时发出热和光的现象，其主要特征有：能量特征、燃烧特性、力学特性、安定性和安全性。能量特征一般是指（ ）。

A. 1 kg 火药燃烧时发出的爆破力 B. 1 kg 火药燃烧时发出的光能量
C. 1 kg 火药燃烧时放出的热量 D. 1 kg 火药燃烧时气体产物所做的功

33. 北京 2008 年奥运火炬长 72 cm，重 585 g，燃料为气态丙烷，燃烧时间 15 min，在零风速下火焰高度 25～30 cm，在强光和日光情况下均可识别和拍摄。这种能形成稳定火焰的燃烧属于（ ）。

A. 混合燃烧 B. 扩散燃烧 C. 蒸发燃烧 D. 分散燃烧

34. 根据燃烧发生时出现的不同现象，可将燃烧现象分为闪燃、自燃和价火。油脂滴落于高温部件上发生燃烧的现象属于（ ）。

A. 阴燃 B. 闪燃 C. 自热自燃 D. 受热自燃

35. 闪点是指在规定条件下，材料或制品加热到释放出的气体瞬间着火并出现火焰的最低温度。对于柴油、煤油、汽油、蜡油来说，其闪点由低到高的排序是（ ）。

A. 汽油—煤油—蜡油—柴油 B. 汽油—煤油—柴油—蜡油
C. 煤油—汽油—柴油—蜡油 D. 煤油—柴油—汽油—蜡油

36. 火灾发展规律将火灾分为初起期、发展期、最盛期、熄灭期，在轰燃发生的阶段的特征是（ ）。

A. 冒烟和阴燃　　B. 火灾释放速率与时间成正比

C. 通风控制火灾　　D. 火灾释放速率与时间的平方成正比

37. 人们在山上开采石料时，将火药装入火药管，引爆火药就能将巨大的石头粉碎成小块石子，这主要运用了爆炸的（　）特征。

A. 爆炸过程高速进行

B. 爆炸点附近压力急剧升高，多数爆炸伴有温度升高

C. 发出或大或小的响声

D. 周围介质发生震动或临近物质遭到破坏

38. 爆炸冲击波以超音速传播的爆炸过程称为（　）。

A. 燃烧　　B. 爆炸　　C. 爆燃　　D. 爆轰

39. 某市的亚麻厂发生麻尘爆炸时，有连续三次爆炸，结果在该市地震局的地震检测仪上，记录了在 7 s 之内的曲线上出现有三次高峰。这种震荡波是由（　）引起的。

A. 冲击波　　B. 碎片冲击　　C. 震荡作用　　D. 空气压缩作用

40. 可燃气体的点火能量与其爆炸极限范围的关系是（　）。

A. 点火能量越大，爆炸极限范围越窄

B. 点火能量越大，爆炸极限范围越宽

C. 爆炸极限范围不随点火能量变化

D. 爆炸极限范围与点火能量无确定关系

41. 评价粉尘爆炸的危险性有很多技术指标，如爆炸极限、最低着火温度、爆炸压力、爆炸压力上升速率等，除上述指标外，下列指标中，属于评价粉尘爆炸危险性指标的还有（　）。

A. 最大点火能量　　B. 最小点火能量　　C. 最大密闭空间　　D. 最小密闭空间

42. 乙烯在储存、运输过程中压力、温度较低，较少出现分解爆炸事故；采用高压法工艺生产聚乙烯时，可能发生分解爆炸事故。下列关于分解爆炸所需能量与压力关系的说法中，正确的是（　）。

A. 随压力的升高而升高　　B. 随压力的降低而降低

C. 随压力的升高而降低　　D. 与压力的变化无关

43. 防爆的基本原则是根据对爆炸过程特点的分析采取相应的措施，防止第一过程的出现，控制第二过程的发展，削弱第三过程的危害，下列措施属于控制第二过程发展的是（　）。

A. 防止爆炸性混合物的形成　　B. 严格控制火源

C. 切断爆炸途径　　　　　　　　　D. 减弱爆炸压力和冲击波的伤害

44. 对于存在火灾和爆炸危险性的场所，不得使用蜡烛、火柴或普通灯具照明。汽车、拖拉机一般不允许进入，如确需进入，其排气管上应安装（　　）。

A. 静电消除器　　B. 火花熄灭器　　C. 接地引线　　D. 导电锁链

45. 摩擦和撞击往往是可燃气体、蒸气和粉尘、爆炸物品等着火爆炸的根源之一。为防止摩擦和撞击产生，以下情况允许的是（　　）。

A. 工人在易燃易爆场所使用铁器制品

B. 爆炸危险场所中机器运转部分使用铝制材料

C. 工人在易燃易爆场所中穿钉鞋工作

D. 搬运易燃液体金属容器在地面进行拖拉搬运

46. 下列防火防爆安全技术措施中，属于从根本上防止火灾与爆炸发生的是（　　）。

A. 惰性气体保护　　　　　　　　B. 系统密闭正压操作

C. 以不燃溶剂代替可燃溶剂　　　D. 厂房通风

47. 化学抑制防爆装置常用的抑爆剂有化学粉末、水、卤代烷和混合抑爆剂等，具有很高的抑爆效率，下列关于化学抑制防爆装置的说法中，错误的是（　　）。

A. 化学抑爆是在火焰传播显著加速的后期通过喷洒抑爆剂来抑制爆炸的防爆技术

B. 化学抑爆的主要原理是探测器检测到爆炸发生的危险信号，通过控制器启动抑制器

C. 化学抑爆技术对设备的强度要求较低

D. 化学抑爆技术适用于泄爆易产生二次爆炸的设备

二、多项选择题

1. 工业生产过程中，存在多种引起火灾和爆炸的着火源。化工企业中常见的着火源有（　　）。

A. 化学反应热、原料分解自燃、热辐射

B. 高温表面、摩擦和撞击、绝热压缩

C. 电气设备及线路的过热和火花、静电放电

D. 明火、雷击和日光照射

E. 粉尘自燃、电磁感应放电

2. 防火防爆安全装置分为阻火隔爆装置和防爆卸压装置两大类。下列关于阻火器类型的说法中，正确的是（　　）。

A. 工业阻火器常用于阻止爆炸初期火焰的蔓延

B. 主动式阻火器是靠本身的物理特性来阻火

C. 主动式阻火器只在爆炸发生时才起作用

D. 工业阻火器对含有粉尘的输送管道效率更高

E. 工业阻火器在生产过程中时刻都在起作用，对流体介质的阻力较大

3. 为防止火灾爆炸的发生，阻止其扩展和减少破坏，防火防爆安全装置及技术在实际生产中广泛使用。关于防火防爆安全装置及技术的说法，错误的是（　　）。

A. 化学抑爆技术可用于装有气相氧化剂的可能发生爆燃的粉尘密闭装置

B. 工作介质为剧毒气体的压力容器应采用安全阀作为防爆泄压装置

C. 当安全阀的入口处装有隔断阀时，隔断阀必须保持常闭状态并加铅封

D. 新装安全阀安装前应由使用单位继续复校后加铅封

E. 有爆燃性气体的系统可以选择钢制爆破片

4. 爆炸控制的措施分为若干种，用于防止容器或室内爆炸的安全措施有（　　）。

A. 采用爆炸抑制系统　　B. 设计和使用抗爆容器

C. 采取爆炸卸压措施　　D. 采取房间泄压措施

E. 进行设备密闭

5. 在工业生产过程中，存在多种引起火灾和爆炸的因素。因此，在易发生火灾和爆炸的危险区域进行动火作业前，必须采取的安全措施有（　　）。

A. 严格执行动火工作票制度

B. 动火现场配备必要的消防器材

C. 将现场可燃物品清理干净

D. 对附近可能积存可燃气的管沟进行妥善处理

E. 利用与生产设备相连的金属构件作为电焊地线

6. 物质爆炸会产生多种毁伤效应。下列毁伤效应中，属于黑火药在容器内爆炸后可能产生的效应的有（　　）。

A. 冲击波毁伤　　B. 碎片毁伤　　C. 震荡毁伤　　D. 毒气伤害

E. 电磁力毁伤

7. 某企业维修人员进入储油罐内检修前，不仅要确保放空油罐油料，还要用情性气体吹扫油罐。维修人员去库房提取氮气瓶时，发现仅有的 5 个氮气瓶标签上的含氧量有差异。下列标出含氧量的氮气瓶中，维修人员可以提取的氮气瓶有（　　）。

A. 含氧量小于 3.5%的气瓶　　B. 含氧量小于 2.0%的气瓶

C. 含氧量小于 1.5%的气瓶　　D. 含氧量小于 3.0%的气瓶

E. 含氧量小于 2.5%的气瓶

8. 干粉灭火器是以液态二氧化碳或氮气作为动力，将灭火器内干粉灭火剂喷出进行灭火，按使用范围可分为普通干粉和多用干粉灭火器两类。下列火灾类型中，可选取多用干粉灭火器进行灭火的有（　　）

A. 轻金属火灾　　B. 可燃液体火灾

C. 带电设备火灾　　D. 可燃气体火灾

E. 一般固体物质火灾

9. 危险化学品的爆炸按照爆炸反应物质分类，分为简单分解爆炸、复杂分解爆炸和爆炸性混合物爆炸。下列物质爆炸中，属于简单分解爆炸的有（　　）。

A. 乙炔银　　B. 环氧乙烷　　C. 甲烷　　D. 叠氮化铅

E. 梯恩梯

10. 焊接切割时，飞散的火花及金属熔融碎粒滴的温度高达 1 500～2 000 ℃，高空飞散距离可达 20 m。下列焊接切割作业的注意事项中，正确的有（　　）。

A. 在可燃易爆区动火时，应将系统和环境进行彻底的清洗或清理

B. 若气体爆炸下限大于 4%，环境中该气体浓度应小于 1%

C. 可利用与可燃易爆生产设备有联系的金属构件作为电焊地线

D. 动火现场应配备必要的消防器材

E. 气焊作业时，应将乙炔发生器放置在安全地点

11. 在烟花爆竹厂的设计过程中，危险性建筑物、场所与周围建筑物之间应保持一定的安全距离，该距离是分别按建筑物的危险等级和计算药量计算后取其最大值。下列对安全距离的要求中，正确的有（　　）。

A. 围墙与危险性的建筑物、构筑物之间的距离宜设为 12 m，且不应小于 5 m

B. 距离危险性建筑物、构筑物外墙四周 5 m 内宜设置防火隔离带

C. 危险品生产区内的危险性建筑物与本企业总仓库区的最小允许距离，应分别按建筑物的危险等级和计算药性计算后取其最大值

D. 烟花爆竹企业的危险品销毁场边缘距场外部的最小允许距离不应小于 65 m，一次销毁药量不应超过 20 kg

E. 危险性建筑物中抗爆间室的危险品药量必须计入危险性建筑物的计算药量

12. 衡量物质火灾危险性的参数有：最小点火能、着火延滞期、闪点、着火点、自燃点等。关于火灾危险性的说法，正确的有（　　）

A. 一般情况下，闪点越低，火灾危险性越大

B. 一般情况下，着火点越高，火灾危险性越小

C. 一般情况下，最小点火能越高，火灾危险性越小

D. 一般情况下，自燃点越低，火灾危险性越小

E. 一般情况下，着火延滞期越长，火灾危险性越大

13. 近年来，我国烟花爆竹生产企业屡屡发生火灾和爆炸事故，给人民生命财产安全造成损失的同时，严重影响了社会稳定。下列关于烟花爆竹的说法中，错误的是（　　）。

A. 烟花爆竹的能量特征是指 1 kg 火药燃烧时气体产物所产生的热量

B. 烟花爆竹的燃烧特性取决于火药的燃烧类型和燃烧表面积

C. 爆发点是使火药开始爆炸变化时介质所需加热到的最高温度

D. 最小引燃能是引起爆炸性混合物发生爆炸的最小电火花所具有的能量

E. 炸药热敏感度越高，临界温度越高

14. 烟花爆竹生产过程中的防火防爆安全措施包括（　　）。

A. 粉碎药原料应在单独工房内进行

B. 黑火药粉碎，应将硫黄和木炭两种原料分开粉碎

C. 领药时，要少量、多次、勤运走

D. 干燥烟花爆竹，应采用日光、热风散热器、蒸气干燥，或用红外烘烤

E. 应用钢制工具装、筑药

15. 在烟花爆竹生产过程中，为实现安全生产，必须采取安全措施。下列安全措施中，正确的有（　　）。

A. 按“少量、多次、勤运走”的原则限量领

B. 一次领走当班工作使用药量

C. 装、筑药需在单独工房操作

D. 钻孔与切割有药半成品应在专用工房内进行

E. 干燥烟火爆竹尽量应在专用工房内进行

16. 烟花爆竹安全生产措施主要包括制造过程措施和生产过程措施两类。下列防止烟花爆竹火灾爆炸的安全措施中，属于生产过程措施的有（　　）。

A. 所选烟火原材料符合质量要求

B. 领药时，要少量、多次、勤运走

C. 工作台等受冲击的部位设接地导电橡胶板

D. 黑火药粉碎，应将硫黄和木炭两种原料分开粉碎

E. 干燥烟花爆竹，应采用日光、热风散热器、蒸气干燥，可用红外线烘烤

17. 在烟花爆竹的生产中，制药、装药、筑药等工序所使用的工具应采用不产生火花和静电的材质制品。下列材质制品中，可以使用的有（　　）。

A. 铁质　　B. 铝质　　C. 普通塑料　　D. 木质

E. 铜质

18. 不同火灾场景应使用相应的灭火剂，选择正确的灭火剂是灭火的关键。下列火灾中，不能用水灭火的是（　　）。

A. 普通木材家具引发的火灾　　B. 切断电源的电气火灾

C. 硫酸、盐酸和硝酸引发的火灾　　D. 废弃状态下的化工设备火灾

E. 锅炉因严重缺水事故发生的火灾爆炸

19. 二氧化碳灭火器是利用其内部充装的二氧化碳的蒸气压将二氧化碳喷出灭火的一种灭火器具。下列关于二氧化碳灭火器的说法中，正确的是（　　）。

A. 二氧化碳灭火器的作用机理是利用降低氧气含量，造成燃烧区域缺氧而灭火

B. 使用二氧化碳灭火器灭火，氧含量低于 15%时燃烧终止

C. 二氧化碳灭火器适用于扑救 600 V 以下的带电电器火灾

D. 1 kg 二氧化碳液体足以使 1 m^3 空间范围内的火焰熄灭

E. 二氧化碳可以用于扑灭精密仪器仪表的初起火灾

20. 灭火器种类的正确选择对于初起火灾的扑灭及火灾的前期自救有重要的意义，下列关于灭火器的说法中，正确的是（　　）。

A. 轻金属如钾、钠等火灾不能用水流冲击灭火，只能用干粉灭火器或砂土掩埋

B. 高倍数泡沫灭火剂适用于油罐区失控性火灾的扑灭

C. 泡沫灭火器可用于甲烷气体火灾的扑灭

D. 清水灭火器适用于扑救可燃固体物质火灾

E. 二氧化碳灭火器适用于贵重设备火灾的扑灭

21. 火灾发展过程和爆炸过程各有特点，故防火、防爆措施不尽相同。下列防火、防爆措施中，属于防止爆炸的基本措施是（　　）。

A. 密闭和负压操作

B. 通风除尘

C. 严格控制火源

D. 检测报警

E. 组织训练消防队伍和配备相应消防器材

22. 在工业生产中应根据可燃易爆物质的燃爆特性，采取相应措施，防止形成爆炸性混合物，从而避免爆炸事故。下列关于爆炸控制的说法中，错误的是（　　）。

A. 乙炔管线连接处尽量采用焊接，不得采用螺纹连接

B. 用四氯化碳代替溶解沥青所用的丙酮溶剂

C. 天然气系统投用前，采用一氧化碳吹扫系统中的残余杂物

D. 汽油储罐内的气相空间充入氮气保护

E. 必须使用通风的方法使可燃气体、蒸气或粉尘的浓度控制在爆炸下限的1/2以下

第五章危险化学品安全技术精选题库

一、单项选择题

1. 复杂分解爆炸类可爆物的危险性较简单分解爆炸物稍低，其爆炸时伴有燃烧现象，燃烧所需的氧由本身分解产生。下列危险化学品中，属于这一类物质的是（ ）。

A. 乙炔银　B. 可燃性气体　C. 叠氮铅　D. 梯恩梯

2. 关于化学品火灾扑救的表述中，正确的是（ ）。

A. 扑救爆炸物品火灾时，应立即采用沙土盖压，以减小爆炸物品的爆炸威力

B. 扑救遇湿易燃物品火灾时，应采用泡沫、酸碱灭火剂扑救

C. 扑救易燃液体火灾时，往往采用比水轻又不溶于水的液体用直流水、雾状水灭火

D. 易燃固体、自燃物品火灾一般可用水和泡沫扑救，只要控制住燃烧范围，逐步扑灭即可

3. 人体吸入或经皮肤吸收苯、甲苯等苯系物质可引起刺激或灼伤。苯、甲苯的这种特性称为危险化学品的（ ）。

A. 腐蚀性　B. 燃烧性　C. 毒害性　D. 放射性

4. 有些危险化学品可通过一种或多种途径进入人体内，当其在人体累积到一定量时，便会扰乱或破坏机体的正常生理功能，引起暂时性或持久性的病理改变，甚至危及生命。预防危险化学品中毒的措施有多种，下列措施中，不属于危险化学品中毒事故预防控制措施的是（ ）。

A. 替代　B. 联锁　C. 变更工艺　D. 通风

5.《常用化学危险品贮存通则》（GB 15603—1995）规定，危险化学品露天堆放，应符合防火、防爆的安全要求，爆炸物品、一级易燃物品和（ ）物品不得露天堆放。

A. 强氧化性　B. 遇湿易溶　C. 遇湿燃烧　D. 强腐蚀性

6. 在用乙炔制乙醛过程中需采用汞作催化剂。为消除汞对人体的危害，工厂决定用乙烯替代乙醛，通过氧化制乙醛，从而不再使用汞作催化剂。这一控制危险化学品中毒的措施属于（ ）。

A. 原料替代　B. 变更工艺　C. 毒物隔离　D. 汞替技术

7. 有毒物质进入人体内并累积到一定量时，便会扰乱或破坏机体的正常生理功能，引起暂时性或持久性的病理改变，甚至危及生命。这种危险特性属于（　　）。

A. 化学性　　B. 腐蚀性　　C. 毒害性　　D. 放射性

8.《危险货物运输包装通用技术条件》（GB 12463—2009）规定了危险货物包装分类、包装的基本要求、性能试验和检验方法，《危险货物运输包装类别划分方法》（GB/T 15098—2008）规定了划分各类危险化学品运输包装类别的基本原则。根据上述两个标准，关于危险货物包装的说法，错误的是（　　）。

A. 危险货物具有两种以上的危险性时，其包装类别需按级别高的确定

B. 毒性物质根据口服、皮肤接触及吸入粉尘和烟雾的方式来确定其包装类别

C. 易燃液体根据其闭杯闪点和初沸点的大小来确定其包装类别

D. 包装类别中类包装适用危险性较小的货物，Ⅲ类包装适用危险性较大的货物

9. 化学品安全技术说明书是向用户传递化学品基本危害信息（包括运输、操作处置、储存和应急行动信息）的一种载体。下列化学品信息中，不属于化学品安全技术说明书内容的是（　　）。

A. 安全信息　　B. 健康信息

C. 常规化学反应信息　　D. 环境保护信息

10. 为防止危险废弃物对人类健康或者环境造成重大危害，需要对其进行无害化处理。下列废弃物处理方式中，不属于危险废弃物无害化处理方式的是（　　）。

A. 塑性材料固化法　　B. 有机聚合物固化法

C. 填埋法　　D. 熔融固化或陶瓷固化法

11. 预防控制危险化学品事故的主要措施是替代、变更工艺、隔离、通风、个体防护和保持卫生等。关于危险化学品中毒、污染事故预防控制措施的说法，错误的是（　　）。

A. 生成中可以通过变更工艺消除或者降低危险化学品的危害

B. 隔离是通过封闭、设置屏障等措施，避免作业人员直接暴露于有害环境中

C. 个体防护应作为预防中毒、控制污染等危害的主要手段

D. 通风是控制作业场所中有害气体、蒸汽或者粉尘最有效的措施之一

12. 毒性危险化学品通过一定途径进入人体，在体内积蓄到一定剂量后，就会表现出中毒症状。毒性危险化学品通常进入人体的途径是（　　）。

A. 呼吸道、皮肤、消化道　　B. 呼吸道、口腔、消化道

C. 皮肤、口腔、消化道　　D. 口腔、鼻腔、呼吸道

13. 危险化学品会通过皮肤、眼睛、肺部、食道等，引起表皮细胞组织发生破坏而造成灼伤，内部器官被灼伤时，严重的会引起炎症甚至造成死亡。下列危险化学品特性中，

会造成食道灼伤的是（　　）。

A. 燃烧性　　B. 爆炸性　　C. 腐蚀性　　D. 刺激性

14. 危险化学品废弃物的销毁处置包括固定危险废弃物无害化的处置、爆炸品的销毁、有机过氧化物废弃物的处置等。下列关于危险废弃物销毁处置的说法，正确的是（　　）。

A. 固体危险废弃物的固化/稳定化方法有水泥固化、石灰固化、塑料材料固化、有机聚合物固化等

B. 确认不能使用的爆炸性物品必须予以销毁，企业选择适当的地点、时间和销毁方法后直接销毁

C. 应根据有机过氧化物特征选择合适的方法进行处理，主要包括溶解、烧毁、填埋等

D. 一般危险废弃物可直接进入填埋场填埋，粒度很小的废弃物可装入编织袋后填埋

15.《化学品分类和危险性公示　通则》（GB 13690—2009）将化学品分为物理危险、健康危险和环境危险三大类。下列物质中，属于物理危险类的是（　　）。

A. 急性毒性气体　　B. 易燃气体

C. 致癌性液体　　D. 腐蚀性液体

16. 小王在运输桶装甲苯时，发现钢桶侧面的危险化学品安全标签出现破损，部分内容已看不清。根据《化学品安全标签编写规范》（GB 15258—2009），在危险化学品安全标签中，居“危险”信号词下方的是（　　）。

A. 化学品标识　　B. 危险性说明

C. 象形图　　D. 防范说明

17. 违法违规储存危险化学品，极可能发生生产安全事故，威胁人民群众的生命财产安全。下列对危险化学品储存的要求中，错误的是（　　）。

A. 储存危险化学品的仓库必须配备有专业知识的技术人员

B. 危险化学品不得与禁忌物料混合储存

C. 爆炸物品和一级易燃物品可以露天堆放

D. 同一区域储存两种及两种以上不同级别的危险化学品时，按最高等级危险化学品的性能进行标志

18. 运输危险化学品的企业应该全面了解并掌握有关化学品的安全运输规定，降低运输事故发生的概率。下列危险化学品的运输行为中，符合要求的是（　　）。

A. 某工厂采用翻斗车搬运液化气体钢瓶

B. 某工厂露天装运液化气体钢瓶

C. 某工厂采用水泥船承运高毒苯酚液体

D. 某工厂采用专用抬架搬运放射性物品

19. 根据《危险化学品经营企业安全技术基本要求》(GB 18265—2019)，危险化学品经营企业的经营场所应坐落在交通便利、便于疏散处，零售企业的店面与存放危险化学品的库房（或罩棚）应有实墙相隔，单一品种存放量不应超过 500 kg，总质量不应超过（　　）。

A. 1 t　　B. 2 t　　C. 3 t　　D. 4 t

20. 根据《危险化学品安全管理条例》和《危险化学品经营企业安全技术基本要求》(GB 18265—2019)，下列对危险化学品经营企业的要求中，错误的是（　　）。

A. 经营剧毒物品企业的人员，应经过县级以上（含县级）公安部门的专门培训

B. 危险化学品经营企业应如实记录购买单位的名称、地址、经办人的姓名

C. 销售记录以及经办人身份证明复印件、相关许可证件复印件保存期限为不少于 9 个月

D. 剧毒化学品、易制爆危险化学品的销售企业应将所销售危险化学品情况在公安机关备案

21. 根据《腐蚀性商品储存养护技术条件》(GB 17915—2013)，下列对腐蚀性化学品储存的要求中，错误的是（　　）。

A. 溴氢酸、碘氢酸应避光储存　　B. 高氯酸库房应干燥通风

C. 溴素应专库储存　　D. 发烟硝酸应存于三级耐火等级库房

22. 根据国家标准《常用化学危险品贮存通则》(GB 15603—1995) 的规定，储存的危险化学品应有明显的标志。在同一区域储存两种或两种以上不同危险级别的危险化学品，应（　　）。

A. 按中等危险等级化学品的性能标志　　B. 按最低等级危险化学品的性能标志

C. 按最高等级的危险化学品标志　　D. 按同类危险化学品的性能标志

23. 危险化学品是指具有爆炸、易燃、毒害、腐蚀、放射性等性质，在生产、经营、储存、运输、使用和废弃物处置过程中，容易造成人员伤亡和财产损毁而需要特殊防护的化学品。根据《化学品分类和危险性公示　通则》(GB 13690—2009)，危险化学品的危险种类分为（　　）危险三大类。

A. 理化、健康、环境　　B. 爆炸、中毒、污染

C. 理化、中毒、环境　　D. 爆炸、中毒、环境

24. 燃烧是可燃物质与氧或氧化剂化合时发生的一种伴有放热和发光的激烈氧化反应，由于可燃物质可以是气体、液体或固体，所以它们的燃烧形式是多种多样的。天然气在空气中的燃烧属于（　　）。

A. 均相燃烧　　B. 非均相燃烧　　C. 蒸发燃烧　　D. 表面燃烧

25. 工业生产中，有毒危险化学品进入人体的最重要途径是呼吸道，与呼吸道吸收程度密切相关的是有毒危险化学品（　　）。

A. 与空气的相对密度　　B. 在空气中的浓度

C. 在空气中的粒度　　D. 在空气中的分布形态

26. 工业毒性危险化学品可造成人体血液窒息，影响机体传送氧的能力。典型的血液窒息性物质是（　　）。

A. 氰化氢　　B. 甲苯　　C. 一氧化碳　　D. 二氧化碳

27. 某化工企业装置检修过程中，因设备内残存可燃气体，在动火时发生爆炸。按照爆炸反应物质的类型，该爆炸最有可能属于（　　）。

A. 简单分解爆炸　　B. 闪燃

C. 爆炸性混合物爆炸　　D. 复杂分解爆炸

28. 危险化学品中毒、污染事故预防控制措施主要有替代、变更工艺、隔离、通风等。下列危险化学品危害预防控制措施中，正确的是（　　）。

A. 用苯来替代涂漆中用的甲苯　　B. 对于面式扩散源采用局部通风

C. 将经常需操作的阀门移至操作室外　　D. 用脂肪烃替代胶水中芳烃

29. 甲化工厂设有 3 座循环水池，采用液氯杀菌。该工厂决定用二氧化氯泡腾片杀菌，消除了液氯的安全隐患。这种控制危险化学品危害的措施属于（　　）。

A. 替换　　B. 变更工艺　　C. 改善操作条件　　D. 保持卫生

30. 目前采取的用乙烯为原料，通过氧化或氧氯化制乙醛，不需用汞作催化剂，彻底消除了汞害。这类预防危险化学品中毒、污染事故的控制措施属于（　　）。

A. 替代　　B. 变更工艺　　C. 隔离　　D. 个体防护

31. 装运爆炸、剧毒、放射性、易燃液体、可燃气体等物品，必须使用符合安全要求的运输工具，下列关于危险化学品运输的正确做法是（　　）。

A. 运输爆炸性物品应使用电瓶车，禁止使用翻斗车

B. 运输强氧化剂、爆炸品时，应使用铁底板车及汽车挂车

C. 搬运易燃、易爆液化气体等危险物品时，禁止用叉车、铲车、翻斗车

D. 运输遇水燃烧物品及有毒物品，应使用小型机帆船或水泥船承运

32. 某石油化工厂气体分离装置丙烷管线泄漏发生火灾，消防人员接警后迅速赶赴现场扑救，下列关于该火灾扑救措施的说法中，正确的是（　　）。

A. 切断泄漏源之前要保持稳定燃烧　　B. 为防止更大损失迅速扑灭火焰

C. 扑救过程尽量使用低压水流　　D. 扑救前应首先采用沙土覆盖

33. 某化工厂一条液氨管道腐蚀泄漏，当班操作工人甲及时关闭截止阀，切断泄漏源，对现场泄漏残留液氨采用的处理方法是（　　）。

A. 喷水吸附稀释　　B. 砂子覆盖

C. 氢氧化钠溶液中和　　D. 氢氧化钾溶液中和

34. 在事故抢险救援过程中，个人劳动防护用品是保护人身安全的重要手段。下列呼吸道防毒面具中，适合用作毒性气体浓度高、缺氧的固定作业的个人劳动防护用品的是（　　）。

A. 全面罩式防毒口罩　　B. 半面罩式防毒口罩

C. 生氧式自救器　　D. 送风长管式防毒面具

35. 正确佩戴个人劳动防护用品是保护人身安全的重要手段。在毒性气体浓度高、缺氧的环境中进行固定作业，应优先选择的防毒面具是（　　）。

A. 导管式面罩　　B. 氧气呼吸器

C. 送风长管式呼吸器　　D. 双罐式防毒口罩

二、多项选择题

1. 某发电厂因生产需要购入一批危险化学品，主要包括：氢气、液氨、盐酸、氢氧化钠溶液等，上述危险化学品的危害特性有（　　）。

A. 爆炸性　　B. 易燃性　　C. 毒害性　　D. 放射性

E. 腐蚀性

2.《常用化学危险品贮存通则》（GB 15603—1995）对危险化学品的储存作了明确的规定。下列储存方式中，符合危险化学品储存规定的是（　　）。

A. 隔离储存　　B. 隔开储存　　C. 分离储存　　D. 混合储存

E. 分库储存

3. 粉尘爆炸是悬浮在空气中的可燃性固体微粒接触点火源时发生的爆炸现象。关于粉尘爆炸特点的说法，错误的是（　　）。

A. 粉尘爆炸的燃烧速度、爆炸压力均比混合气体爆炸大

B. 粉尘爆炸多数为不完全燃烧，产生的一氧化碳等有毒物质较多

C. 堆积的可燃性粉尘通常不会爆炸，但若受到扰动，形成粉尘雾可能爆炸

D. 可产生爆炸的粉尘颗粒非常小，可分散悬浮在空气中，不产生下沉

E. 金属粉尘、塑料粉尘、玻璃粉尘都可能发生爆炸

4. 工业生产过程中，存在多种引起火灾和爆炸的着火源。化工企业中常见的着火源有（　　）。

A. 化学反应热、原料分解自燃、热辐射

B. 高温表面、摩擦和撞击、绝热压缩

C. 电气设备及线路的过热和火花、静电放电

D. 明火、雷击和日光照射

E. 粉尘自燃、电磁感应放电

5. 在生产过程中，应根据可燃易燃物质的爆炸特性，以及生产工艺和设备等条件，采取有效措施，预防在设备和系统里或在其周围形成爆炸性混合物。这些措施主要有（　　）。

A. 设备密闭　　B. 厂房通风

C. 惰性介质保护　　D. 危险物品隔离储存

E. 预设报警装置

6. 防爆的基本原则是根据对爆炸过程特点的分析采取相应的控制措施。下列关于爆炸预防的措施中，正确的有（　　）。

A. 防止爆炸性混合物的形成　　B. 严格控制火源

C. 密闭和负压操作　　D. 及时泄出燃爆开始时的压力

E. 检测报警

7. 生产系统内一旦发生爆炸或压力骤增时，可能通过防爆泄压装置将超高压力释放出去，以减少巨大压力对设备、系统的破坏或者减少事故损失。防爆泄压装置主要有（　　）。

A. 单向阀　　B. 安全阀　　C. 防爆门　　D. 爆破片

E. 防爆窗

8. 爆炸造成的后果大多非常严重，在化工生产作业中，爆炸不仅会使生产设备遭受损失，而且使建筑物破坏，甚至致人死亡。因此，科学防爆是非常重要的一项工作。防止可燃气体爆炸的一般原则有（　　）。

A. 防止可燃气向空气中泄漏

B. 控制混合气体中的可燃物含量处在爆炸极限以外

C. 减弱爆炸压力和冲击波对人员、设备和建筑的损坏

D. 使用惰性气体取代空气

E. 用惰性气体冲淡泄漏的可燃气体

9. 危险化学品运输企业应对（　　）类人员进行有关安全知识培训。

A. 船员　　B. 装卸人员　　C. 装卸管理人员　　D. 押运人员

E. 指挥人员

10. 全面了解并掌握有关化学品的安全运输规定，对降低运输事故具有重要意义。下列关于危险化学品的运输安全技术与要求的说法中，正确的是（　　）。

A. 危险物品装卸前，应对车（船）搬运工具进行必要的通风和清扫

B. 运输强氧化剂应用汽车挂车运输，不得用铁底板车运输

C. 运输爆炸、剧毒和放射性物品，应派不少于 1 人进行押运

D. 禁止利用内河及其他封闭水域运输剧毒化学品

E. 运输危险物品的行车路线，不可在繁华街道行驶和停留

11. 氧化反应中的强氧化剂具有很大的危险性，在受到高温、撞击、摩擦或与有机物、酸类接触，易引起燃烧或者爆炸。下列物质中，属于氧化反应中的强氧化剂的是（　　）。

A. 甲苯　　B. 氯酸钾　　C. 乙烯　　D. 甲烷

E. 过氧化氢

12. 根据《常用化学危险品贮存通则》(GB 15603—1995)，危险化学品露天堆放，应符合防火、防爆的安全要求。下列各组危险化学品中，禁止露天堆放的是（　　）。

A. 爆炸物品　　B. 剧毒物品　　C. 遇湿燃烧物品　　D. 一级易燃物品

E. 氧化剂

13. 凡确认不能使用的爆炸性物品，必须予以销毁，在销毁以前应报告当地公安部门，选择适当的地点、时间及销毁方法，一般可采用（　　）。

A. 爆炸法　　B. 烧毁法　　C. 溶解法　　D. 固化法

E. 化学分解法

14. 工业生产中有毒危险化学品会通过呼吸道等途径进入人体对人造成伤害。进入现场的人员应佩戴防护用具。按作用机理，呼吸道防毒面具可分为（　　）。

A. 全面罩式　　B. 半面罩式　　C. 过滤式　　D. 隔离式

E. 生氧式

15. 对于毒性气体浓度高、毒性不明或缺氧的可移动性作业环境，可选用的防毒面具有（　　）。

A. 全面罩式防毒口罩　　B. 半面罩式防毒口罩

C. 自给式生氧面具　　D. 自给式氧气呼吸器

E. 送风长管式防毒面具

参考文献

[1] 中国安全生产科学研究院．安全生产技术基础：2020 版[M]. 北京：应急管理出版社，2020.

[2] 中国安全生产科学研究院．安全生产技术基础：2019 版[M]. 北京：应急管理出版社，2019.

[3] 郭伏，杨学涵．人因工程学[M]. 沈阳：东北大学出版社，2005.

[4] 李红杰，告顺清．安全人机工程学[M]. 武汉：中国地质大学出版社，2006.

[5] 吴宗之．安全生产技术[M]. 2 版．北京：中国大百科全书出版社，2008.

[6] 孙林岩．人因工程[M]. 北京：高等教育出版社，2008.

[7] 谢庆森，王秉权．安全人机工程[M]. 天津：天津大学出版社，1999.

[8] 廖可兵，张力．安全人机工程[M]. 徐州：中国矿业大学出版社，2009.

[9] 陈宝智．安全原理[M]. 北京：冶金工业出版社，2002.

[10] 张维凡，张海峰，常用化学危险物品安全子册[M]. 北京：中国医药科技出版社，1992.

[11]《民用爆炸物品安全管理条例释义》编写组．民用爆炸物品安全管理条例释义[M]. 北京：中国法制出版社，2006.

[12] 潘功配．高等烟火学[M]. 哈尔滨：哈尔滨工程大学出版社，2005.

[13] 钱江．安全生产技术[M]. 北京：中国电力出版社，2008.

[14] 徐晓楠．灭火剂与应用[M]. 北京：化学工业出版社，2006.

[15] 钮英建．电气安全工程[M]. 北京：中国劳动社会保障出版社，2009.

[16] 李世林．电气装置和安全防护手册[M]. 北京：中国标准出版社，2006.

[17] 刘尚合，武占成．静电放电及危害防护[M]. 北京：北京邮电大学出版社，2004.

[18] 虞昊．现代防雷技术基础[M]. 2 版．北京：清华大学出版社，2005.

[19] 张培红．防火防爆[M]. 沈阳：东北大学出版社，2011.

[20] 胡广霞，段晓瑞．防火防爆技术[M]. 北京：中国石油出版社，2012.

[21] 伍爱友，彭新．防火与防爆工程[M]. 北京：国防工业出版社，2014.

[22] 崔克清．安全工程燃烧爆炸理论与技术[M]. 北京：中国计量出版社，2005.

[23] 王丽琼．防火防爆技术基础[M]. 北京：北京理工大学出版社，2009.

[24] 苏建中，林述书．烟花爆竹生产工人安全技术[M]. 北京：化学工业出版社，2005

[25] 霍然，杨振宏，柳静献．火灾爆炸预防控制工程学[M]. 北京：机械工业出版社，2007.

[26] 陈莹．工业火灾与爆炸事故预防[M]. 北京：化学工业出版社，2010.

[27] 李秀琴．烟花爆竹安全与管理[M]. 北京：化学工业出版社，2007.

[28] 崔政斌，石跃武．防火防爆技术[M]. 北京：化学工业出版社，2010.

[29] 张凤娥，杨建青．消防应用技术[M]. 北京：中国石化出版社，2006.

[30] 国家安全生产监督管理总局培训中心．烟花爆竹安全生产监管工作手册[M]. 北京：化学工业出版社，2008.

[31] 张元祥，王忠，信永忠．消防管理与消防技术：上册[M]. 北京：原子能出版社，2005.

[32] 黄庆华，魏海凡，范世宾．消防管理与消防技术：下册[M]. 北京：原子能出版社，2005.